NEUKIRCHENER

Peter Beier (Hg.)

Was die Welt im Innersten zusammenhält

Zum Dialog der Theologie mit den Naturwissenschaften

Bearbeitet von
Klaus Lefringhausen

Neukirchener

Neukirchener Verlag
Verlagsgesellschaft des Erziehungsvereins mbH,
Neukirchen-Vluyn
Umschlaggestaltung: Hartmut Namislow
Gesamtherstellung: WB-Druck GmbH & Co. Buchproduktions KG
Printed in Germany
ISBN 3–7887–1647–9

Die Deutsche Bibliothek - CIP-Einheitsaufnahme

Was die Welt im Innersten zusammenhält: zum Dialog der Theologie mit den Naturwissenschaften / Peter Beier (Hg.). Bearb. von Klaus Lefringhausen. - Neukirchen-Vluyn: Neukirchener, 1997
ISBN 3–7887–1647–9

Vorwort

Präses Peter Beier

Der weite Weg zum wissenschaftlichen Nachbarn

Er ist noch nicht abgehakt, der Fall Galilei, denn es gibt noch immer Fremdheiten und Kommunikationsstörungen zwischen naturwissenschaftlichem und theologischem Denken. Noch immer gehören Versuche, sich gegenseitig Weltbilder aufzudrängen, keineswegs der Vergangenheit an.
Bahnt sich also ein Kulturkampf zwischen technikzentriertem Fortschrittsdenken und einem angstbesetzten Krisenbewußtsein, also zwischen Technikeuphorie und Technikphobie an? Immerhin geben die einen als Lösung des Problems aus, was andere für dessen Ursache halten.
Doch der unbestreitbare Problemstau erfordert, alle Energien zu bündeln, auch die der Natur- und die der Geisteswissenschaften. Es kann nicht darum gehen, gegeneinander Recht zu behalten, sondern miteinander Zukunft zu gewinnen. Der Dialog über die Grundannahmen, von denen Naturwissenschaft und Theologie jeweils ausgehen, ist das Gebot der Stunde. Der Nicht-Dialog liefe auf eine kollektive Selbstschädigung hinaus.
Doch Dialoge gelingen nur, wenn man über den eigenen Schatten springt und nicht über den der anderen. Oft jedoch gleichen sie einem Boxkampf, bei dem Boxer dahin schlagen, wo der Gegner gestern stand. Gespickt mit Kreuzverhören, moralischem Drängeln und zugemutetem Bekehrungslernen ersticken Dialoge und werden zu Doppelmonologen. Not-wendig ist heute eine wissenschaftsethische Koevolution, bei der konstruktiv-kritische Impulse verlorene Sinnzusammenhänge aufspüren, zumindest aber Un-Sinn mindern.
Genau das hat sich die Dialoggruppe vorgenommen, die ihr bisheriges Arbeitsergebnis hier vorlegt. Drei Jahre lang haben sich Naturwissenschaftler und Theologen zu ganztägigen und intensiven Gesprächen getroffen und nicht rechtfertigend, sondern fragend Denkarbeit geleistet.
Den Gesprächsverlauf haben wir nicht in üblichen Protokollen, sondern in der literarischen Form von Briefen festgehalten, weil ihre Anredeform dem Dialogcharakter eher gerecht wird und sich die Kontroversen so deutlicher herausarbeiten lassen. Zudem soll-

ten diese Briefe auch für die verständlich sein, die nicht zuvor zwei wissenschaftliche Fach- und Fremdsprachen gelernt haben. Es handelt sich also mehr um einen literarisch aufbereiteten als um den originalen Dialog.

Andererseits sollten die Unterschiede im Denk- und Sprachstil möglichst im Originalton erhalten bleiben, zumal sie zur Entfremdung zwischen Naturwissenschaftlern und Theologen beigetragen haben. Deshalb wurden zusätzlich Einzelbeiträge aufgenommen, diesmal auf authentischer Sprachebene, die den Dialog abrunden.

So wichtig die Unterschiede im Denkstil auch sein mögen, die eigentlichen Wurzeln des Problems liegen aber tiefer: in der Hybris, für die Weltdeutung nur die eigene, beschränkte Sicht zuzulassen, als ob es der Welt besser ginge, wenn es nur Theologen oder nur Naturwissenschaftler gäbe.

Diese Hybris findet sich in wissenschaftlichen Denkschulen ebenso wie in den Gruppen Gleichgesinnter in Wirtschaft, Politik und Kirche. Deshalb brauchen wir eine Dialogkultur gegen die Parzellierung der Gesellschaft in wissenschaftliche Ghettos und gegen den Rückzug in argumentative Burgen.

Kein Zweifel: In Naturwissenschaft und Theologie gibt es durchaus Bewegung. Jedenfalls mehr, als von außen wahrgenommen wird. So entfernt sich die Naturwissenschaft mehr und mehr von ihrem mechanistischen und deterministischen Weltbild und entwickelt ein offeneres und umfassenderes Verständnis von Natur.

Und die Theologie versteht ihre Botschaft nicht mehr als metaphysische Naturkunde, die sie zu lange in Konkurrenz zur Naturwissenschaft verteidigt hat - auch auf Kosten intellektueller Redlichkeit. Sie will Gott nicht zum Lückenbüßer für physikalisch noch nicht Erklärbares machen und würde den Auftrag der Sinndeutung verspielen, wenn sie aus der zeitgebundenen Symbolsprache der Bibel eine naturkundliche Glaubenspflicht machte.

Dieser Text ist ein Zwischenbericht, mit dem sich die Hoffnung verbindet, daß er den Weg ebnet, auf dem sich Theologen und Naturwissenschaftler wieder in Hörweite und möglichst auch in Kooperationsnähe begeben.

In diesem Sinne danke ich denen, die viel Zeit, Kraft, Geduld und schöpferische Phantasie in den Prozeß gemeinsamer Nachdenklichkeit investiert haben.

Zu diesem Kreis gehörten:

Prof. Dr. Dr. Günter Altner
Präses D. Dr. phil. h.c. Peter Beier
Oberkirchenrat Harald Bewersdorff
Prof. Dr. Gernot Born
Prof. Dr. Karl-Heinz Brocks
Prof. Dr. Sigurd Martin Daecke
Prof. Dr. Jürgen Ebach
Prof. Dr. Führ
Dr. Hans-Jürgen Fischbeck
Dr. Hermann Henssen
Prof. Dr. Martin Honecker
Professor Dr. Jürgen Hübner
Dr. Klaus Lefringhausen
Prof. Dr. Christian Link
Prof. Dr. Walter Oberschelp
Prof. Dr. Klaus Schultze
Prof. Dr. Ludwig Siep
Dr. Peter Stadler
Dr. Dr. Harald Uhl
Dr. Herbert Westphal

Düsseldorf, im Juli 1996

Inhalt

I.

Der Dialog

1. Der Zukunft verpflichtet

Schreiben der Naturwissenschaftler

Sehr geehrter Herr Präses Beier,

zum protestantischen Erbe Europas gehört, darauf haben Sie oft hingewiesen, daß sich die evangelische Theologie nicht an der Aufklärung vorbeigedrückt, sondern sich ihr gestellt hat.
Wir Naturwissenschaftler würdigen diese Leistung intellektueller Redlichkeit und suchen den Dialog mit dieser Theologie.
Doch es gibt auch den Eindruck, daß die Theologie weitgehend den Bezug zur modernen Lebenswirklichkeit verloren hat. Jedenfalls schallt der technisch geprägten Industriegesellschaft, obwohl sie im Kulturraum des westlichen Christentums entstand, aus kirchlichem Raum zu oft eine Vetoethik entgegen.
Theologische Verdikte gegen die Biotechnik, so die Befürchtung, sind nur die Obertöne einer weithin technikfremden Grundmelodie. Deshalb die fast dogmatische Unterscheidung zwischen einer sanften Technik, die angepaßter, verträglicher und deshalb erlaubt ist, und einer harten Technik, die zerstörerisch wirkt und deshalb als verwerflich gilt.
Der Einwand, daß Verzicht auf Technik – auch auf »harte Technik!« – zu millionenfachem Hungertod führen kann, prallt oft an einer Mauer ab, die gebaut ist aus ethischem Rigorismus, unchristlicher Überangst, innerer Emigration aus der Risikogesellschaft, ethischem Elitebewußtsein und Mangel an technischem Grundwissen. In diesem Klima werden die Naturwissenschaften mehr durch Wegsehen als durch Hinsehen zur Kenntnis genommen und findet der ein höheres Maß an Vertrauen, der sich besonders besorgt gibt.
Wir erleben in Kirche und Gesellschaft, daß sich Denkstile, Fachsprachen, Mentalitäten, Erkenntnisinteressen und Grunderfahrungen gefährlich auseinanderentwickeln. Verantwortungsbereiche werden parzelliert, und statt des Dialogs geraten selbst mögliche Bündnispartner für die Zukunft außer Hörweite. So wird der gesellschaftliche Grundkonsens, der allein Lösungen politikfähig und die Gesellschaft zukunftsfähig machen könnte, immer brüchiger.

Die Zukunftsfähigkeit ist jedoch eine gemeinsame Lernaufgabe, die nur gelingt, wenn nicht Ab- und Ausgrenzungen Lernblockaden erzeugen. Doch wenn Umweltbeauftragte so auftreten, als seien sie Beauftragte gegen die Technik, dann reißen die mühsam geknüpften Gesprächsfäden zwischen Theologie und Naturwissenschaften erneut.

Zudem wird ein christliches Weltbild oft zum Einfallstor für pantheistische Mythen und für esoterische Praktiken, als hätte es weder Schöpfungstheologie noch Aufklärung gegeben. Nicht ohne Grund warnte die Umwelt-Denkschrift der EKD vor einer angstbetonten und aufgeregten Frömmigkeit und daß »das Wahrnehmen von Verantwortung für die Schöpfung Gottes nicht gelähmt sein darf durch apokalyptische Ängste.«

Gerade weil die Furcht vor konkreten und benennbaren Gefahren als wichtiges Erkenntnisinteresse ernstzunehmen ist, darf ihre mobilisierende Kraft nicht durch ansteckende Gefühle von Ausweglosigkeit und Ohnmacht gelähmt werden. Sie führen nämlich, wie die Denkschrift sagt, zu »einer generellen Technikfeindlichkeit, die auch naturnahe technische Möglichkeiten verkennt und angepaßte technische Lösungen behindert«.

Oft ist die Debatte vom Pathos ethischer Eindeutigkeit geprägt, das nachvollziehbarer Begründungen entbehrt und sich oft nur als Pseudotheologie im Dienste politischer Ziele erweist.

So entstehen Pauschalurteile, die zumindest den Theologen nicht gerecht werden, die sich der Moderne nicht verweigern, auch wenn es Isolierungen mit sich bringt.

Doch wir schreiben Ihnen nicht anklägerisch, sondern konstruktivkritisch. Wir wissen, daß technisches Handeln zu verantworten ist und daß die Kriterien nur im Dialog zu finden sind.

Auf komplexe Probleme lassen sich nämlich ohne interdisziplinäre Ansätze keine tragfähigen Antworten finden. Als Gesprächspartner brauchen wir auch die Theologie. In diesem Sinne stimmen wir der EKD-Denkschrift ›Arbeit, Leben und Gesundheit‹ zu, nämlich daß »die Technik nicht eine Domäne der Techniker bleibt, sondern zu einer dialogischen Aufgabe von Technik- und Humanwissenschaften wird.«

Was unter ›nachhaltigem Wirtschaften‹ zu verstehen ist und was nicht, wäre im Dialog zu klären, muß aber dann auch auf die technische Sprachebene übersetzt werden, wenn es von praktischem Nutzen sein soll. Dabei wäre konkreter auszumachen, was technische Sicherheitspolitik in einer Risikogesellschaft bedeuten und leisten kann. Jedenfalls würde es zu einer seriösen Folgenabschätzung gehören, auch abzuschätzen, welche Folgen das Unterlassen

und ein »technologischer Fadenriß« hätte. So brauchen wir gegenseitige Kontrollfragen, um die eigenen Erkenntnisgrenzen deutlicher wahrzunehmen.
Gewiß ist ein Dialog zwischen entfremdeten Disziplinen, die inzwischen ihre eigene Sprachen sprechen, durchaus anstrengend. Doch wenn sich die Theologie dem Dialog verweigert, wird das eintreten, was sie befürchtet, nämlich daß die instrumentelle Vernunft dominiert.
Deshalb wünschen wir uns eine wissenschaftliche, kirchliche und Gemeindetheologie, die auf neue Fragen nicht mit verbrauchten Argumenten antwortet und sich nicht zum Medium vulgärsoziologischer Zivilisationskritik macht.
Gleichwohl braucht die Gesellschaft eine dialogische Suchbewegung, die darauf aus ist, die verbrauchende und expansive Technokultur in eine ökologische und soziale Verträglichkeitskultur zu verwandeln. Dabei könnte die Theologie durchaus wieder integrative Kraft entwickeln, wenn sie die Debatte nicht vorschnell ethisch verkürzt und nicht den Anschein erweckt, alte Herrschaftsansprüche erneut geltend zu machen.
So hoffen wir auf ein Gespräch, das weder den naturwissenschaftlichen Forschungsauftrag noch seine prinzipielle Verneinung religiös legitimiert. Erst recht soll es nicht der polarisierenden Affekt- und Aggressionsbildung dienen. Das müßte auch im Interesse der Theologie liegen, denn so große Ziele wie die Bewahrung der Schöpfung sind nur mit Bündnispartnern erreichbar.
Zu hoch gehängte ethische Meßlatten und eine Ethik der fernen Ziele ohne Wege machen krank, nähme man sie ernst, und tragen zum Verschleiß von Ethik bei, nähme man sie nicht ernst. Vor solchen Nebenwirkungen warnte 1989 die EKD in der Denkschrift ›Gott ist ein Freund des Lebens‹: »Es wäre verhängnisvoll, wenn diejenigen jungen Menschen, die eine besondere Sensibilität für die Schutzwürdigkeit und Schutzbedürftigkeit des Lebens zeigen, bei der Wahl von Ausbildung und Beruf die Bereiche von Forschung, Technik und Wirtschaft mieden und statt dessen etwa die sozialen oder unmittelbar auf die Umwelt bezogenen Tätigkeitsfelder bevorzugten. Gerade dort, wo im Umgang mit Leben Konflikte entstehen und Fragen gestellt bzw. offengehalten werden müssen, werden Menschen benötigt, die die Last dieser Verantwortung nicht scheuen.«
Die theologische Botschaft von der Umkehr bedeutet nicht Abkehr von der Technik, sondern Bewährung in ihr, denn wir brauchen eine Technik, die hilft, daß das Leben erhalten bleibt, sich entfalten kann und gestaltet wird. Zwar sind nicht alle – auch von der Tech-

nik verursachten Probleme – technisch zu lösen, doch ganz sicher geht es nicht ohne Technik.
Oft sind technische Lösungen sogar die einzigen, die sich schnell genug erzielen lassen. So haben vorerst die Ernährungswissenschaftler und nicht die Politiker beim Welt-Hungerproblem zumindest einen zeitlichen Aufschub erreicht. Knappe Zeit wird mitten im Problemstau zu einem wesentlichen Ethik-Faktor.
Lassen Sie uns also, sehr geehrter Herr Präses, den Dialog wagen, auch wenn er durch unterschiedliche Sprachebenen, Denktraditionen und Erkenntnisinteressen schwierig sein mag. Es geht nicht darum, ob wir uns den Dialog leisten können, sondern darum, ob wir uns leisten können, auf ihn zu verzichten.
In diesem Sinne hoffen wir, daß Sie unsere Anregung wohlwollend aufnehmen.

2. Eine zweite Aufklärung!

Schreiben von Präses Peter Beier

Sehr geehrte Herren,

Ihr Brief ist angekommen – nicht nur im postalischen Sinne, sondern auch, weil er von neuer Nachdenklichkeit geprägt ist.
Ich habe ihn als Einladung verstanden, historisch gewachsene Mauern zwischen Theologie und Naturwissenschaften so weit abzutragen, daß Blicke hin- und herüber möglich werden.
Wenn wir beginnen, gemeinsam einen Naturbegriff zu suchen, der vom Leben ausgeht, dann entspricht das dem Ernst der Lage, denn ohne jeden Alarmismus läßt sich sagen, daß aus den Folgen unseres Zivilisationsstils ein ökologisches Ultimatum geworden ist.
Ihr Brief hat also offene Türen gefunden. Diese waren zwar nie ganz geschlossen, denn die evangelischen Akademien und Medien haben beharrlich den Dialog zwischen Theologie und Naturwissenschaft in den Bereichen Grundlagenforschung und industrielle Anwendung gesucht. Doch die Türen waren eben nur einen Spaltbreit offen.
Die Technikferne von wissenschaftlicher Theologie, Gemeindefrömmigkeit und Aktionsgruppen ist nach wie vor beängstigend. Die Gründe dafür verteilen sich allerdings auf beide Seiten.
So wird vermutet, daß die Naturwissenschaften weder eine erkenntniskritische noch eine anwendungskritische Selbstkontrolle enthalten, sich also mehr oder weniger willenlos ökonomisch verwerten lassen. Sie gelten zwar als Motor, nicht aber Subjekt der Entwicklung.
Ist es also völlig abwegig, daß auf die Technikeuphorie der Moderne nun die Zukunftsängste der Nachmoderne folgen? Die ökonomisch-technische Dynamik halten viele – so auch die EKD-Denkschrift, die Sie zitieren – für zu gefährlich, als daß sie den Technikern und den industriellen Anwendern allein überlassen bleiben dürfte.
Natürlich sind die naturwissenschaftlichen Labors keine ethikfreien Zonen. Sie werden deshalb mit Recht auf die »Göttinger Achtzehn« hinweisen, die 1954 vor den Gefahren der Atomphysik warnten.

Auch auf den Aufruf der elf Molekularbiologen, die sich 1974 an »die Wissenschaftler der ganzen Welt« wandten. Vielleicht auch darauf, daß Carl Friedrich von Weizsäcker schon früh einen neuen »hippokratischen Eid« für Naturwissenschaftler forderte. Schließlich gibt es auch Querdenker wie den Gentechniker Friedrich Cramer mit seiner Schrift ›Fortschritt durch Verzicht‹.

Doch weil es nur Äußerungen von Minoritäten waren, hat sich das Meinungsklima, wie Sie mit Recht beklagen, emotional aufgeheizt. Doch ist die Psycho-Logik nicht auch eine Logik? Jedenfalls war Robert Jungk näher am Angstzentrum der Gesellschaft, als er sagte: »Ich will nicht sachlich sein, ich bin besorgt.«

Wenn ich Jugendliche warne, wissenschaftliche Argumente leichtfertig als interessenbefangen abzutun, dann fragen sie spitz zurück, warum nicht die Techniker mit ihrem Informationsvorsprung die Zukunftsthemen zum Politikum machten, sondern diese Aufgabe den Jugendprotesten überließen. Politik und Wirtschaft, so ihre Klage, haben giftige Pfeile auf alle abschossen, die ökologische Reformen forderten. Dabei hat sich so mancher Wissenschaftler als Sachzwangverwalter und Grenzwert-Beschwichtiger nützlich gemacht.

Gewiß: Oft klangen die Proteste reichlich schrill, taten in den Ohren weh und verletzten, obwohl oder weil sie nicht trafen.

Doch wer einen Perspektivenwechsel wagt und auch von der Gegenseite her denkt, der wird das Mißtrauen nachempfinden, das bei dem Gedanken entsteht, die Freiheit der Forschung sei käuflich.

Ich sage das, weil ich auf der Seite der Technik stehe, wenn sie verteufelt wird. Und auf der Seite der Skeptiker, wenn die beanspruchte Autonomie der Wissenschaften offensichtlich nicht weit genug reicht, um denen in Politik und Wirtschaft nachhaltig Kontrollfragen zu stellen, die naturwissenschaftliche Ergebnisse verwerten.

Wenn es in der Gesellschaft so etwas wie aggressive Ratlosigkeit gibt, dann nicht nur aus Mangel an naturwissenschaftlicher Bildung, sondern auch aus Ohnmacht gegenüber denen, die als die technischen Macher mehr Schicksal spielen, als sie vielleicht selbst ahnen.

Ich sage das auch selbstkritisch, denn ökologisch erleben wir, so die von Ihnen zitierte EKD-Denkschrift, »die historische Folge des biblischen Schöpfungsglaubens, der die Welt entgöttlicht und dadurch dem schrankenlosen Zugriff des Menschen wehrlos ausgesetzt hat.«

Wir haben also gemeinsam unser Umweltkonto überzogen. So lassen Sie uns von den ökologischen Kanzeln, Chefsesseln, Lehr- und

Richterstühlen herabsteigen und inmitten des Katastrophen-Daueralarms, der Unheilsprophetien und der Untergangsszenarien einen Dialog wagen, der Hoffnung schafft. Ihre Initiative ist dazu ein wichtiger, erster Schritt.

Unsere Dialogbrücke bauen wir allerdings auf beiden Ufern nicht gerade auf Felsen. So haben sich die Naturwissenschaften bis in hochspezialisierte Kleinstbereiche parzelliert. Und in der Theologie gibt es Trends, die Dogmatik nur noch selektiv nach ihrem ethischen Gebrauchswert wahrzunehmen. Doch für beide Disziplinen gilt: Die ganze Wahrheit kann nur die Wahrheit eines Ganzen sein. Nur so, nämlich in dialogischer Zuordnung der Teile, läßt sich Leben bewahren.

Der Dialog wird fruchtlos, wenn die Naturwissenschaften von ökonomischem Verwertungsinteresse gesteuert werden oder wenn andererseits die Theologie aufhört, Theologie zu sein, weil sie sich zur Praxologie verengt.

Unterschiedlich sind auch die ökologischen Gewissen: Technisch-ökonomische Rationalität will die Natur schützen, doch nur, soweit der Mensch sie braucht.

Hingegen wird die Theologie am Vorrang des Seins vor dem Nützlich-Sein festhalten und sich nicht mit einem mechanistischen Naturbegriff anfreunden, der auf das Meßbare, Wägbare und Reproduzierbare verengt ist. Sie würde sogar eine Titanen-Religion, wenn sie sich zum religiösen Überbau technischen Machbarkeitswahns machen ließe.

Für solch einen Wahn war sie einst zumindest Steigbügelhalter, denn die technisch-ökonomische Anthropozentrik, für die die Schöpfung als ausbeutbarer Steinbruch galt, hatte einen Vorläufer: die theologische Anthropozentrik. Ihr galt der Mensch als Sinn, Ziel und Krone einer ansonsten zur Demontage freigegebenen Schöpfung.

Nun schlägt das Pendel zurück – wieder zu weit. Die Natur, obgleich selbst grausame ›Freßkette‹, gilt vielen als unantastbare, heile Welt. Blutige Kriege werden für verwerflich gehalten, hingegen wird die brutale Härte der Evolution als ›Schöpfungsordnung‹ heilig gesprochen. Eingriffe in die ›heile Natur‹ gelten als ethische Provokation – auch unbeschadet der Menschheitstragödien, die eine Technikaskese auslösen würde.

Vielleicht polarisiert sich heute beides gegenseitig: Aggressive Technikkritik verhärtet die, die Technik verantworten. Das wiederum provoziert zusätzliche Kritik.

Wir dürfen weder in die Zeit vor der Aufklärung zurückfallen noch im Aufklärungsoptimismus eindimensionaler Rationalität stecken-

bleiben. Der ersten Aufklärung muß eine zweite folgen, die die analytisch zerlegte und erforschte Welt wieder in ihren Zusammenhängen begreift.
Was nämlich Schöpfung, was Leben und was Glaube ist, entzieht sich dem Mikroskop, der chemischen Analyse, dem sezierenden Denken und den mathematischen Weltformeln. Erst recht allen Logik-Monopolen, denn erst die Zusammenschau von Logiken, zu denen auch die Theo-Logie gehört, ist wahrheitsträchtig, weil sie zumindest annäherungsweise den Blick aufs Ganze ermöglicht.
Deshalb müssen wir, wie Sie in Ihrem Brief andeuten, aus den historischen Schützengräben heraus, die Grenzen fach- und umgebungsgebundener Meinungen überschreiten und hinnehmen, dabei angreifbar und verletzbar zu werden.
Ohnehin respektieren die neuen Gefahren unsere alten Fronten nicht mehr und verhalten sich quer zu ihnen: Wir sind inzwischen unsere eigenen Feinde und Komplizen, Opfer und Täter zugleich.
Zudem wächst unsere Verantwortung zeitlich und räumlich über den Horizont hinaus, auf den wir programmiert sind, denn wir verantworten die Folgen der Folgen sowie die Erschöpfung einer Schöpfung, die die ökologischen Fehler kaum noch verzeiht.
So ist nach Jahrzehnten weitgehender Sprachlosigkeit ein grenzüberschreitender Dialog zwischen Naturwissenschaft und Theologie überfällig. Vielleicht auch ein Trialog, der die Technikanwender in der Wirtschaft einbezieht, die die vermeintlich ethisch neutrale Technik für ihre Zwecke einsetzen.
Zudem sollten wir tiefer ansetzen und nach dem jeweiligen Naturbegriff fragen. Dabei ist vor allem die Schöpfungstheologie auf ihre Relevanz abzuklopfen. Sie zielte ursprünglich darauf, die kosmischen Götter des Altertums zu entthronen. Deshalb ihre befreiende Botschaft: Die Lichter am Himmel sind nicht eigenmächtige, tyrannische und der Rache fähige Götter, keine freiheitsraubende Determinismen und keine kosmischen Sachzwänge, sondern schlicht die von dem einzigen und dazu noch menschenfreundlichen Gott aufgehängten Lampen im Dienst von Mensch und Erde.
So antwortete Israel glaubend auf die Urangst der Menschen, einer Wegwerf-Schöpfung ausgeliefert zu sein und von kalten kosmischen Kräften aufgegeben, zerstört und für die eigene Dummheit und Bosheit bestraft zu werden. Der Schöpfungsbericht ist also Ermutigung, Tröstung und Gebet, daß die Menschheit Zukunft habe. Unsere Unruhe und unser Eintreten für die Schöpfung, auch unseren begonnenen Dialog möchte ich als eine Fortsetzung dieses Gebets deuten.
Zwar sind wir heute frei von magischer Furcht vor launischen

Gottheiten, doch um so fester halten uns oft umgebungsgebundene Meinungen im Griff, auch der starke Gegenwartsbezug des Denkens, der zu selten zum Problem hinter den Problemen vordringen läßt.

Man braucht nicht erst an die Rucksack-Atombombe zu erinnern, denn auch der Alltag ist wie eine Bombe, zumal es, wie Erich Kästner sagt, so nicht weitergeht, wenn es so weitergeht. Schlagen wir mit unserem Zivilisationsstil die Verheißung des Regenbogens aus, daß Sommer und Winter, Saat und Ernte nicht aufhören werden?

Vielleicht realisiert sich aber auch ein Teil dieser Verheißung in einem Dialog wie dem unsrigen. Jedenfalls erkenne ich mich mit der bangen Frage nach der dauerhaften Bewohnbarkeit dieses Globus in diesen Uralt-Texten durchaus wieder.

Allerdings schätzt die Bibel die moralische Evolutionsfähigkeit des Menschen sehr skeptisch ein. Doch was droht, wenn die menschliche Evolution die technische Revolution nicht mehr einholen kann und sich der Abstand sogar weiter vergrößert? Was geschieht, wenn die technologische Dynamik dem Menschen entgleitet, ziellos und so destruktiv, daß sie als Geschöpf des Menschen auf den Schöpfer zurückschlägt? Hilft uns nur noch die Vision, zu jeder Technik eine Gegentechnik zu schaffen?

Unser Dialog wird wohl kaum gültige Antworten finden, doch wenn er nur helfen würde, die Fragen richtiger zu stellen und sich den möglichen Antworten zu nähern, hätte er sich bereits gelohnt.

Ihr Brief war ein Anfang, ein selbstkritischer sogar, Signal wachsender Bescheidenheit einer bislang sich selbst legitimierenden und heute begründungspflichtigen Wissenschaft und zudem ein Angebot, mit- statt gegeneinander zu lernen.

3. Den Dialog wagen

Brief der Naturwissenschaftler

Sehr geehrter Herr Präses,

unser bisheriger Briefwechsel war ein Bekenntnis zum grenzüberschreitenden Dialog, der Sprachlosigkeit überwinden, Sinnzusammenhänge knüpfen, Verantwortungen benennen und wissenschaftsethische Nachdenklichkeit wachhalten soll.
Wir meinen also nicht den Dialog, der in feierlichen Reden beschworen wird, sondern einen, der alltags- oder gar laborfähig ist. Er soll Kommunikationsstörungen mindern, die durch fortschreitende Spezialisierung zwischen den und innerhalb der Disziplinen entstehen. Die erbitterte Gegnerschaft von einst hat sich bis jetzt nur in Beziehungslosigkeit gewandelt, doch künftig sollte mehr entstehen: ein Beziehungs- oder gar Kooperationsgeflecht.
Das könnte ein Gegengewicht zu der anderen Gefahr sein, die Autonomie der Forschung durch finanzielle Interessen zu gefährden, die die Forschung stimulieren, steuern und verwerten wollen. Dabei suchen Naturwissenschaften und Theologie nicht mehr gegensätzliche, sondern komplementäre Zugänge zur Wahrheit.
Die ganze Wahrheit kann nach Hegel nur die Wahrheit des Ganzen sein. Doch jede Wissenschaft verfügt nur über eine begrenzte Sichtweise, auf die allein kein Weltbild zu gründen ist. So gehören Gleichungen wie

Wahrheit = Wirklichkeit = Materie

zum wissenschaftlichen Gestern, denn daß das Leben mehr ist als Materie, kann heute ernsthaft nicht mehr bestritten werden.
Das ist keineswegs nur eine philosophische oder theologische Anleihe, denn auch in naturwissenschaftlicher Sicht ist alles Leben ein Wechselspiel zwischen Materie und Information. Leben ist ein Prozeß der Selbstorganisation der Materie durch informationelle Koordination. So hebt sich der Dualismus von Geist und Materie zumindest im Ansatz auf.

Informationen organisieren das Leben so, daß es sich fortlaufend selbst erzeugen und so am Leben bleiben kann. Jede Zelle lebt im Informationsaustausch mit Partnerzellen, ist also nicht isoliert zu denken und als informationeller Verbund mehr als nur eine Addition von Materie. Die das Leben ermöglichenden Informationen sind also bedeutungsgeleitet, sinnvoll und Teil von Wahrheit. Sie sind das komplementäre und immaterielle Gegenstück zur Materie, die nur im Verbund mit Informationen belebte Wirklichkeit ermöglicht.

Deshalb muß sich naturwissenschaftliches Beschreiben und Erklären von Lebensvorgängen seiner methodisch bedingten Grenzen bewußt werden. Die experimentelle Feststellung von Tatsachen und deren Verknüpfung durch Kausalketten allein ergibt keine vollständige Beschreibung des Lebensphänomens.

So sind Tatsachen kaum sprachfrei zur Kenntnis zu nehmen. Selbst vermeintlich wertfreie Beobachtungen setzen unterscheidende Begriffe und damit Sprache voraus. Begriffe erhalten aber nur im Kontext anderer Begriffe Bedeutung, also nur durch Sinnzusammenhänge. Selbst Messungen und Beobachtungen ergeben keine wertfreie und objektive Beschreibung der Wirklichkeit. Zwar ist wissenschaftliche Objektivität ein erstrebenswertes Ziel, doch dieses bleibt mehr oder weniger unerreichbar.

Deshalb ist die Illusion aufzugeben, es gäbe eine deckungsgleiche Entsprechung (Isomorphie) zwischen wissenschaftlichen Aussagen und der Wirklichkeit, wie es die (verabsolutierte) Korrespondenztheorie der Wahrheit (Widerspiegelungstheorie) behauptet.

Hingegen hält die pragmatische Theorie für wahr, was sich bewährt. Sie macht das Leben letztlich zum Prüfstein der Wahrheit.

Die Kohärenztheorie der Wahrheit geht vom Ganzen aus, weil alle Teilaspekte nur Sinn und Bedeutung von einem übergeordneten Ganzen her erhalten. Sie nimmt für wahr, was konsistent und plausibel, also kohärent ist und in das System der als wahr erkannten Sätze paßt.

Ein umfassender Begriff der Wahrheit, zu dem alle Wissenschaften und auch die Künste beitragen, wird sich auf die Kriterien aller drei beschriebenen Wahrheitstheorien stützen. Wahrheit wird sich also festmachen an zutreffenden Aussagen über Sachverhalte, wird hinnehmen, was mit diesen durch logische, mathematische, syntaktische, ethische und ästhetische Kohärenz zusammenhängt, und geltend machen, was sich nachhaltig für das ganze und eben nicht auf Sachverhalte reduzierte Leben bewährt.

So zerfällt die Wahrheit nicht in widersprüchliche Beliebigkeit. Was zu ihr gehört, ergibt die Kohärenz. Es gehört zum emanzipa-

torischen Erbe des Abendlandes, die Wahrheit nicht auf Ausschließlichkeitsansprüche von Teilwahrheiten zu reduzieren.
Wenn sich aber naturwissenschaftliches Denken nicht in die Bescheidenheit gemeinsamer Wahrheitssuche fügt, dann entfernt es sich von der wirklichen Wirklichkeit und begreift allenfalls nur noch den auf Sachverhalte reduzierten Teil der vieldimensionalen Wirklichkeit.
Die geforderte Zusammenschau komplementärer Wirklichkeiten wird aber um so schwieriger, je mehr die wissenschaftliche Arbeitsteilung die Forschungsthemen einengt, das Erkenntnisinteresse segmentiert und die Kommunikation über Fachgrenzen hinweg erschwert oder gar zur Sprachlosigkeit verkümmern läßt.
Dann prallen wissenschaftliche Anfragen, die solche Grenzen überschreiten, oft am Panzer der liebgewordenen Vorstellung ab, die Grundlagenforschung sei ethisch neutral, weil wert- und zweckfrei, und lediglich die Anwendung von Technik sei rechenschaftspflichtig.
Doch wer heute ein Genom entschlüsselt, der hat die technische Anwendung und ökonomische Verwertung indirekt bereits mit programmiert und kann die ethische Verantwortung nicht einseitig auf den Anwender oder auf die Politik abschieben. Das sagt nichts gegen eine Grundlagenforschung, die das Risiko ihres Mißbrauchs niemals ganz eingrenzen kann, wohl aber dagegen, die Verantwortung ganz auf den Anwender abzuwälzen.
Zudem stehen die Politiker unter Entscheidungsdruck und erwarten auf ihre Fragen ein bündiges Ja oder Nein, Richtig oder Falsch, auch wenn das Wissen unvollständig ist. Oft deuten sie die Gutachten nach ihren Interessen um. Ferner kann die Öffentlichkeit mit differenzierten Aussagen kaum sachgemäß umgehen. Hinzu kommt die unwissenschaftliche Vermutung von der unbedingten wissenschaftlichen Korrektheit. Doch der Schein trügt, wie die Praxis widersprechender und manchmal sogar interessengeleiteter Gutachten zeigt.
Die Folge: Verschwiegene Risiken, falsche Utopien und übertriebene Horrorszenarien prägen das politische Klima.
Vielleicht wäre der Dialog zwischen Naturwissenschaften und Politik einfacher, wenn die Wissenschaftsethik zum verpflichtenden Bestandteil technischer Ausbildung gehören würde. Bisher ist die Ausbildung jedoch so verschult, daß sie kaum einen Blick über den engeren Zaun der Fakultät gestattet. So bleibt das Denken der naturwissenschaftlichen Disziplinen zu sehr verengt auf die Mechanismen von Ursache und Wirkung. Ethik jedoch erfordert antizipierendes Denken, Überblick und Zusammenschau des vernetzten Ganzen.

Außerdem werden jährlich mehr als eine Million naturwissenschaftlicher Fachbeiträge veröffentlicht. Diese Informationsflut ertränkt den Sinn für das Ganze. Ohnehin ist bereits der Naturbegriff aus der Sicht des Chemikers, des Physikers, des Elektrotechnikers oder des Astrophysikers jeweils ein anderer, von dem der Philosophen, Theologen und Historiker ganz zu schweigen. Diese verschiedenen Naturbegriffe sind nicht mehr zu einem allgemeinen zu verbinden.

Zwar ist die ganze Natur Forschungsobjekt, doch ›die Natur an sich‹ ist allenfalls bei den Naturphilosophen, kaum aber darüber hinaus Gegenstand von Vorlesungen. Das ist anachronistisch, zumal heute die eigentliche Gefahr vom kumulativen Zusammenspiel mehrerer Ursachen ausgeht. Anders als ganzheitlich lassen sich das Baumsterben, die Belastungsgrenzen des Ökosystems, der ökologische Landbau und klimatische Prozesse nicht mehr verstehen.

Einst wollten die Naturwissenschaften die Naturgesetze verstehen, um sie zu nutzen, heute müssen sie die Natur verstehen, um sie zu erhalten. Das geht nicht ohne neues Bewußtsein für die Ganzheit der Natur.

Wer vom Ganzen her denkt, wird die Frage zulassen, ob die Forschung darf, was sie kann. Zudem wird er fragen, ob und wie sie leisten kann, was sie soll. Bisher galt sie als gut und das individuelle Forschergewissen als ausreichende Kontrollinstanz.

Doch die Katastrophenserie von Tschernobyl, Bophal und Sandoz ließ Technikängste ins Irrationale anwachsen. Auch politische Beschwichtigungen blieben wirkungslos, zumal sich die Politik zu oft von den Technikern beraten läßt, die sie kontrollieren soll. Außerdem könnte die Politik die Einhaltung der Gesetze in den Forschungsstellen kaum sicherstellen. Deshalb läßt sich der Anspruch der Wissenschaft auf Selbststeuerung und Selbstkontrolle gesellschaftlich kaum noch vermitteln. Die Vertrauenslücke ist, ob berechtigt oder nicht, zu groß geworden.

Die Politik wird also kaum noch als Sicherung gegen Gefahren angesehen, die von Forschungsergebnissen ausgehen können, zumal die Gesetze weithin hinter der technischen Entwicklung herhinken. Sie können sich nur auf den gegenwärtigen Stand der Technik beziehen, sind also mehr Nach- als Vorsorge.

Wir haben uns also den Kontrollfragen anderer Disziplinen und dem gesellschaftlichen Rechtfertigungsdruck zu stellen, ohne uns allerdings vorschreiben zu lassen, wie sich ein neues wissenschaftliches Verantwortungsbewußtsein zu konkretisieren hat.

4. Ethik als Angebot

Schreiben von Präses Peter Beier

Sehr geehrte Herren,

die Weltlage fordert Ungeduld. Wenn wir nicht jetzt über den Schatten alter Vorbehalte springen, Sprachlosigkeit überwinden und aufhören, ab- und ausgrenzend voneinander zu reden, dann werden wir bald ohne Argumente vor unseren vorwurfsvollen Enkeln stehen. Deshalb bin ich für den begonnenen Dialog dankbar.
Auch für die Richtung, die der Dialog genommen hat. Immerhin haben Sie gesagt, daß es mehr gibt als eine mechanistische oder evolutionistische Wirklichkeit. Sie ist zudem vielschichtiger, als eine monokausale Weltdeutung erfassen kann. Das schafft eine tragfähige Verständigungsbrücke. Hingegen wäre es, darin stimme ich Ihnen zu, ein neuer Fall Galilei, an einem theologischen oder naturwissenschaftlichen Monopol auf Erkenntnis der Wirklichkeit festzuhalten.
Doch beim ganzheitlichen Wahrheitsbegriff kann ich ein theologisches Störgefühl nicht unterdrücken. Gewiß: Die ganze Wahrheit kann nur die Wahrheit des Ganzen. Doch sie bleibt ein unerreichbares Ziel. Das muß auch so sein, denn als vermeintlich sicherer Besitz geriete die Wahrheit in den Sog derer – die Geschichte kennt blutige Beispiele genug –, die sie für totalitäre Interessen mißbrauchen. Wer die ganze Wahrheit im Griff zu haben glaubt, macht sie verfügbar und wird sie instrumentalisieren, autoritär manipulieren, monopolisieren und imperativisch mit ihr umgehen. Solange wir die Wahrheit des Ganzen für ein wichtiges, doch unerreichbares Erkenntnisziel halten, können wir uns unbefangen begegnen, verdächtigungsfrei, ohne Bevormundungen und offen für gemeinsame Lernprozesse.
Ein solcher Lernprozeß war für mich Ihre Begründung dafür, daß Naturverständnis und Schöpfungsdenken heute nicht mehr weit auseinanderliegen, weil das Leben ein Wechselspiel von Materie und Information und vielleicht sogar eine Schnittstelle zwischen Materie und Geist ist. Das erinnert an den Logos, der Anfang, Leben, Sinn und Odem gibt.

Dennoch muß ich mich selbstkritisch fragen, ob damit Gott schon wieder zum Lückenbüßer für mangelndes Wissen gemacht wird. Auch umgekehrt habe ich, wie Sie wissen, ein Störgefühl beim Übermaß an Vetoethik, die stets verneint.

Ich betone das, weil es weithin als Ausweis von hohem Problembewußtsein und klarem Durchblick gilt, die Zukunft möglichst schwarz zu malen. Die Anfälligkeit dafür meinte Hans Küng, als er kritisch anmerkte, die Kirche habe »ihr Wesen im Unwesen«, sie wünsche sich also einen möglichst dunkel eingefärbten Hintergrund, vor dem sich das eigene Gutsein besonders hell und mit genüßlichem Krisenbewußtsein abhebt. Wer rigoristisch alles wegzensiert, was geschieht, wird mitschuldig an dem, was nicht geschieht.

Eine auf Negation fixierte Ethik unterschlägt überdies die positiv besetzte Symbolsprache, mit der die Bibel nicht nur den Garten Eden beschreibt, der zurück liegt, sondern auch eine goldene Stadt, die vorne liegt.

Von ihr zeugen die Kathedralbauten, die als Abglanz göttlichen Glanzes gedacht waren. Die Kuppeln galten als Sinnbilder des Himmelsgewölbes, und die Dome symbolisierten mit ihrer geometrischen Ästhetik und mathematischen Vollkommenheit – Mathematik war als überzeitliche Geistigkeit zu »entdecken« und nicht zu erschaffen – die kommende Gottesstadt.

Vom andächtigen Nachbau des Universums lag der Schritt zur anthropozentrischen Gestaltung der Umwelt nahe. Wissenschaftliche Naturerkenntnis galt als Teil der Schöpfung, über die auch zu verfügen war. Das Weltbild differenzierte sich innerhalb der wissenschaftlichen Disziplinen, und mit ihm entwickelte sich das Denken in den Kategorien von Natur und Schöpfung auseinander. Mühsam wurde aus dem Gegeneinander von Naturwissenschaften und Theologie zunächst ein beziehungs- und sprachloses Nebeneinander, bis sich langsam – Ihre Dialoginitiative beweist es – wieder ein konstruktives Miteinander anbahnt.

Gegenwärtig gibt es in der Theologie einen gegenläufigen Trend: Gott der Schöpfer, der einst als Jenseits zur sichtbaren Natur galt, wird heute wieder integriert gedacht – bis hin zur Renaissance des Pantheismus und zur Remystifizierung der Natur. Doch ich halte daran fest, daß zum durchgängigen Befreiungsimpuls der biblischen Tradition die Entgötterung und Entdämonisierung der Natur und damit die Öffnung zu naturwissenschaftlichem Denken gehört.

Statt vom webenden und schwebenden Gott in der Natur spreche ich lieber vom Menschen, der als cooperator dei die Schöpfung bewahrt, indem er sie gestaltet und so am fortschreitenden Prozeß

der Schöpfung (creatio continua) teilhat. Die Natur ist Teil der Geschichte Gottes mit der Schöpfung. In dieser Zuordnung ist sie nicht zu begreifen ohne ein empathisches Verhältnis zu ihr, also auch nicht ohne emotionale und ästhetische Naturerfahrung.
In diesem Sinne ist Natur nicht statisch, sondern ein Lebensgeschehen. Sie erlaubt kein geschlossenes physikalisches Weltbild und kommt, wie auch die Quantentheorie zeigt, nicht ohne den Faktor Zeit aus. Sie ist ein offener Prozeß mit der unwiederholbaren Einmaligkeit des Augenblicks. Das bestätigen vor allem die Biowissenschaftler, die mit Voraussagen sehr zurückhaltend werden, weil für sie die Zeit ein wesentlicher Faktor ist, obwohl diese letztlich keine wiederholbare und damit wissenschaftlich verifizierbar Größe ist.
Trotz dieser neuen Nähe zwischen Theologen und Naturwissenschaftlern gibt es zahlreiche Dialogruinen. Zwar kennen wir Verhaltenskodices für Biologen, Chemiker, Nuklearphysiker, Informatiker, Gentechniker, Ingenieure, Astronauten und andere mehr, aber noch keinen Verhaltenskodex für einen gelingenden Dialog zwischen Naturwissenschaftlern und Theologen. Vielleicht reicht die bisherige Debatte bereits für einen ersten Entwurf, den ich Ihnen gerne mit der Bitte um kritische Überarbeitung vorlege:

1. Die ökologische Krise erfordert den Dialog aller, die zu einer ganzheitlicheren Beziehung zur Natur beitragen können. Wenn jedoch Technik-Ethik und theologische Ethik nur im Dialog mit sich selbst zustande kommen, werden sie den neuen Anforderungen nicht mehr gerecht.
2. Wissenschaftsethisch ist eine doppelte Folgenabschätzung geboten: für die Folgen der Forschung und für die Folgen unterlassener Forschung.
3. Ein offener Dialog kann und soll vagabundierende und unbestimmte Ängste in eine benennbare und zu Handlungen befähigende Furcht umwandeln. So entsteht statt der Flucht vor der Gefahr kreatives Denken und zukunftsgestaltende Aktivität.
4. Die Aufklärung ist ein unaufgebbarer Teil europäischer Geistes- und Wissenschaftsgeschichte. Doch sie ist durch eine zweite Aufklärung zu ergänzen, die der Forschung hilft, vom Ganzen her und auf das Ganze hin zu denken. Diese Aufgabe erhöht den Dialogbedarf.
5. Wie andere Disziplinen auch, haben sich Theologen und Naturwissenschaftler gegenseitig Kontrollfragen zu stellen, die helfen, sich der jeweiligen Grenzen der Erkenntnis- und Handlungsmöglichkeiten immer wieder bewußt zu werden.
6. Zum gelingenden Dialog gehört die Bereitschaft zum Perspekti-

venwechsel, denn sonst wird der Dialogpartner zur Echowand für Monologe degradiert.
7. Forschung ist ohne Transparenz wenig demokratieverträglich. Doch sie liefert sich denen aus, die mit der Angst ein Geschäft machen, wenn sie frühzeitig mögliche Probleme bekannt gibt. Wenn Theologen nur auf Schwachstellen lauern, verstopfen sie sich die Informationsquellen, weil dann forschungspolitische Probleme nur noch hinter verschlossenen Türen oder auf dem Markt zu diskutieren sind. Ziel muß jedoch ein Klima sein, in dem ein verdächtigungs- und tendenzfreier Dialog gelingt, der zudem frei ist von taktischen Halbwahrheiten. Das Verhältnis von Informationspflicht und Verschwiegenheitsgebot ist also ethisch neu zu gewichten.
8. Die Risikobereitschaft findet da ihre Grenze, wo die von der Technik ausgehende Gefahr die Gefahr übertrifft, die von der Natur ausgeht. Ferner darf sie keine irreversiblen Umkipp- und Zerstörungseffekte hinnehmen.
9. Nur im intensiven, interdisziplinären und gesellschaftlichen Dialog sind, falls überhaupt, die weit verzweigten Folgen der Folgen sowie die kumulativen Prozesse angemessen abzuschätzen.
10. Wer sich hinter Sachzwängen verbirgt, um gesellschaftlichem Rechtfertigungsdruck auszuweichen, der betreibt Dialogverweigerung und vergrößert die Vertrauenslücke, die wiederum neue Sachzwänge schafft.
11. Forscher haben auch die kollektiv beschlossene Großforschung individuell mitzuverantworten. Ferner können sie die Verantwortung bei Auftragsforschung nicht auf den Anwender abschieben. Deshalb ist im Bereich von Forschung und Anwendung die Möglichkeit des offenen Dialogs und der personalen Entscheidung offenzuhalten.
12. Theologen, die Argumente bereits deshalb für einen Ausdruck christlichen Problembewußtseins halten, weil sie ein höheres Maß an Besorgnis enthalten, erschweren den Dialog.
Ich bin nicht ganz sicher, ob diese Leitlinien weiterhelfen, unseren bisherigen Gesprächsgang wiederzugeben. Deshalb wäre ich Ihnen für eine kritische Durchsicht dankbar.

5. Wer ist Subjekt der Verantwortung?

Brief der Naturwissenschaftler

Sehr geehrter Herr Präses,

durch unseren Dialog zieht sich wie ein roter Faden Ihre Frage, wer angesichts irreversibler Technikfolgen das eigentliche Subjekt der Verantwortung ist.

Ist es der Forscher, dem – jedenfalls im öffentlich finanzierten Bereich – das Privileg der Forschungsfreiheit nach Art. 5 des Grundgesetzes gegeben ist? Will er Forschung unterlassen, weil er Bedenken hat, dann wird ihm vorgehalten, daß das nicht hilft, weil sich immer jemand findet, der sich über Bedenken hinwegsetzt.

Ethisch motivierte Forschungsaskese ist, abgesehen von Extremfällen, also ethisch keineswegs unproblematisch, denn wenn sich diejenigen aus umstrittenen Forschungsprojekten zurückziehen, die ethische Nachdenklichkeit einbringen könnten, dann werden die sensiblen Projekte denen überlassen, die den Machern zuzurechnen sind. Somit könnten Ethiker also ihrer eigenen Intention widersprechen, wenn sie auf bedenkliche Forschungsvorhaben mit der Forderung nach Forschungsverzicht reagieren.

Also ist, so könnte man folgern, nicht mehr der einzelne Forscher verantwortlich, sondern die Forschungstrends oder die Auftraggeber. Beide Annahmen sind kurzschlüssig. Auch wer dem Trend des Machbaren folgt, bleibt verantwortlich, denn die Frage nach dem Wie der Forschung und ihrer Verwertung läßt erheblichen ethischen Entscheidungsspielraum offen.

Wer sich andererseits auf die Unschuld wertfreier Grundlagenforschung beruft, täuscht darüber hinweg, daß eine Trennung in Grundlagen- und Anwendungsforschung und eine Trennung in Wissenschaft und Technik schon lange nicht mehr möglich ist.

Wir müssen also einräumen, daß die Frage nach der Verantwortung für bestimmte technologische Entwicklungen kaum beantwortet werden kann. Jedenfalls ist die Verantwortung über Akteure in Wissenschaft, Wirtschaft und Politik so verteilt, daß die Rede von der strukturellen Verantwortungslosigkeit nicht unberechtigt erscheint.

Dennoch wird die Frage nach dem Subjekt der Verantwortung in der öffentlichen Debatte – auch im kirchlichen Raum – oft so verletzend gestellt, daß sie den Charakter persönlicher Schuldzuweisung annimmt.
So kommt es, daß viele Naturwissenschaftler und Techniker sich dieser Frage zwar noch stellen, aber nicht mehr im kirchlichen Raum. Veranstalter von Foren, die Kontrahenten wie zu einem Hahnenkampf zusammenführen und das Publikum mehr an der Konfrontation als an Problemlösungen interessieren, handeln gegen ihren eigenen ethischen Anspruch. Sie folgen mehr dem Interesse des vorurteilsbereiten Publikums, das um so zahlreicher erscheint, je schärfer die Kontroversen ausgetragen werden.
Dies erweckt den Eindruck, als seien auch für Evangelische Akademien schlechte Nachrichten die besseren. Wir bejahen den gesellschaftlichen Diskurs über die Wirkungen von Wissenschaft und Technik. Aber Veranstaltungen, von denen es in der Kirche mehr gibt, als sie sich erlauben kann, die die vorhandenen Gegensätze nur verschärfen, statt sie zu überbrücken, sind im wissenschaftlichen, politischen und ethischen Sinne nicht seriös.
Sie verhindern, was sie bewirken wollen, nämlich den gesellschaftlichen Diskurs, in dem sich Wissenschaftler ihrer Verantwortung durchaus stellen wollen. So aber resignieren viele Wissenschaftler vor organisiertem Unverstand. Selbst der wissenschaftliche Nachwuchs zieht sich weitgehend ins Schneckenhaus des engräumigen Karrieredenkens zurück, weil echte Forschung zur Mutfrage geworden ist. Wir brauchen also einen interdisziplinären Dialog. Ihn zu führen, wäre ethisch relevanter als das Geschäft mit antitechnischen Vorurteilen, Ängsten und Vetohaltungen.
Das wohl wichtigste Beispiel dafür ist der Streit um die Gentechnik. Statt zu fragen, welche Gentechnik zu welchen Zwecken angewendet werden soll, wird sie entweder verteufelt oder verharmlost, entweder als Wunderwaffe zur Lösung der Menschheitsprobleme stilisiert oder verdammt, indem jede vernünftige Anwendungsmöglichkeit bestritten wird. So entsteht eine Gesellschaft, die nicht mehr ihre Zielkonflikte, sondern nur noch Interessenkonflikte diskutiert. Sie wird sich in den großen Orientierungsfragen der Menschheit nicht mehr zurechtfinden.
Solche Fragen können richtig erst dann gestellt werden, wenn man sich auf den Perspektivenwechsel eines interdisziplinären Dialogs eingelassen hat. Deshalb sind wir für diesen Meinungsaustausch dankbar und wären es noch mehr, wenn die kirchliche Streitkultur mehr davon geprägt wäre.
Die besondere Verantwortung des einzelnen Wissenschaftlers be-

jahen wir und wünschen uns, daß sie gestärkt werde. Wir sind sicher, daß sie von vielen, wenn nicht den meisten Wissenschaftlern anerkannt wird. Das löst aber nicht das Problem der Subjektlosigkeit (Lübbe) oder der strukturellen Verantwortungslosigkeit (Beck) des technischen Fortschritts.

Deshalb sprechen wir uns für eine korporative Verantwortung der Wissenschaften aus. Weder hat eine der Wissenschaften ein Ethikmonopol, noch kann Ethik zu einer wiederum spezialisierten Wissenschaft erklärt werden. Jede der Wissenschaften besitzt einen Teil der Gesamtperspektive, ohne die eine Verantwortung heute weniger denn je wahrzunehmen ist. Doch wenn die Wissenschaften – auch im kirchlichen Raum – weithin mehr für schädlich gehalten werden, als daß ihnen Lösungskompetenz zugesprochen wird, dann ist der erneute Rückzug aus dem gesellschaftlichen Dialog in die arbeitsteilige Isolierung parzellierter Wissenschaftsbereiche vorgezeichnet.

So bleibt nur die kritische Gegenfrage, wer denn in Theologie und Kirche verantwortendes Subjekt ist: geistige Modetrends, Gruppen Gleichgesinnter, die sich gegen das immunisieren, was ihr Wir-Gefühl stört, oder die große Koalition geisteswissenschaftlich geschulter Theologen, Pädagogen und Sozialpolitiker gegen eine von der Technik geprägte Welt und gegen Frömmigkeitsstile, die der technischen Industriekultur fremd bleiben?

Lassen Sie uns noch eine weitere Verständigungshürde benennen: Die Theologie greift stets über die Gegenwart hinaus. Sie schöpft aus den Quellen der geschichtlichen Erfahrungen des jüdischen Volkes, die dreitausend und mehr Jahre zurückliegen, und beruft sich auf Lehre, Leben und Sterben des Mannes von Nazareth vor zweitausend Jahren, um Zukunftshoffnung auf Gottes befreiendes und zurechtbringendes Handeln zu begründen. Sie denkt also ganz wesentlich von einer neuen und anderen Zukunft her, die gerade nicht aus faktischer Gegenwart und Vergangenheit ableitbar ist.

Naturwissenschaft hingegen denkt genau umgekehrt. Sie fragt kausal nach dem, was aus Vergangenheit und Gegenwart gesetzmäßig folgt. Zwar sieht auch sie, daß die Zukunft offen und durch mehrere Möglichkeitsspektren bestimmt ist, doch sie kann verläßliche Aussagen machen, deren Reichweiten für die verschiedenen Wirklichkeitsbereiche freilich außerordentlich unterschiedlich sind. In der praktischen Anwendung sind wir den Menschen der Gegenwart verpflichtet und müssen uns an der Gegenwart und ihren Folgerungen für die unmittelbare Zukunft orientieren.

Unsere Zeitperspektiven sind also verschieden. Liegt es daran, daß sich ein Konsens so schwer finden läßt? Wir empfinden diese Spannung aber als sehr fruchtbar.

6. Der Verantwortung ein Gesicht geben

Schreiben von Präses Peter Beier

Sehr geehrte Herren,

auch mich bewegt die Frage, wer in einer komplexen Gesellschaft, in der alles mit allem zusammenhängt, das eigentliche Subjekt der Verantwortung ist.
Vielleicht deshalb die Flut von Unternehmens- und berufsständischen Ethiken, die ja weit mehr sind als der Versuch, sich mit Ethik die fehlende gesellschaftliche Akzeptanz zu verschaffen.
Jedenfalls möchte ich nicht von der These abgehen, daß sich die Wissenschaften vor dem demokratischen Forum der Bürger und Bürgerinnen zu verantworten haben. Ihr Ethos reicht weiter als die Frage, die den Alltag immer wieder beherrschen will, nämlich die, wie sich Forschungsprojekte so umformulieren lassen, daß sie in die jeweiligen finanziellen Förderungskategorien passen.
Wenn ich von der Verantwortung der Wissenschaften spreche, dann handelt es sich um strukturelle, vorgeprägte und eingegrenzte Verantwortungsspielräume. Um den für evangelische Ethik zentralen Begriff der Verantwortung nicht inflationär zu gebrauchen, muß also genauer ausgemacht werden, wer für was verantwortlich ist. Ist es ein ethischer Adressatenirrtum, die Wissenschaft auch für alle Taten oder Untaten industrieller oder militärischer Anwender wissenschaftlicher Ergebnisse haftbar zu machen?
Andererseits gibt es seit Adam und Eva Verantwortungsverweigerer, die auf die Zumutung des Antwort-Gebens mit einem ethischen Versteckspiel reagieren. Zur Rede gestellt, drehte Adam, so die alttestamentliche Symbolsprache, sogar den Spieß um: Das Weib, das du mir gegeben hast, die gab mir, und ich aß. Diese Schuldzuweisung, damals schon problematisch, ist heute erheblich schwieriger, denn Anonymisierung und strukturelle Vorprägung der Verantwortung bieten eine zusätzliche Fülle berechtigter, halbberechtigter und unberechtigter Ausflüchte.
Angesichts der Großorganisation von Wissenschaft ist mehr denn je zu fragen, wer was gegenüber wem auf Grund welcher Kriterien zu verantworten hat. Dabei geht die Verantwortung über Bubers

dialogischen Personalismus der Ich-Du-Beziehung hinaus und fragt auch nach dem Ich-Es-Bezug.
Die Verantwortung wächst, so Georg Picht, mit dem Machtpotential. Ist nur das eigene Gewissen Instanz der Verantwortung? Sie orientiert sich an der Vernunft, doch die wird vernunftlos, wenn sie in Sektoren zergliedert, das Ganze nicht mehr überblickt.
Es liegt nahe, sich mit Hans Jonas für eine restriktive Ethik zu entscheiden und sich mehr von der Heuristik der Furcht als von Gestaltungsaufgaben leiten zu lassen. Wenn die Vermeidbarkeit der Risiken zum Prinzip erhoben wird, dann erübrigt sich schnell – zu schnell – die Frage nach ihrer Zumutbarkeit.
Zudem verändert sich der Charakter von Verantwortung, wenn sie sich von der Verantwortung für Menschen auf die für Sachen verlagert.
Undeutlich ist auch die Instanz, vor der Verantwortung zu tragen ist. Ist es Verantwortung vor dem eigenen und durchaus irrtumsfähigen Gewissen, vor dem manipulierbaren Wähler, vor dem sich verschweigenden Gott, oder letztlich doch nur vor den Instanzen, die mit Sanktionen reagieren können?
Zudem ist der menschliche Verantwortungshorizont vom Nahbereich des Lebens vorgeprägt und kann deshalb mit der Globalisierung der Probleme kaum mithalten. Die relative Folgenlosigkeit der Klimadebatte für individuelles Verhalten jedenfalls macht manche moralistische Grundannahmen vom Menschen frag-würdig.
Hinzu kommt der Konflikt zwischen konkurrierenden Verantwortungen, der sich im Wissenschaftsbereich als Konflikt zwischen interner und externer Verantwortung, als Rollen-, Berufs- und Gewissenskonflikt, als Konflikt auf der Zuständigkeits- und auf der Zuschreibbarkeitsebene äußern kann.
Ist die soziale Gruppe das Subjekt der Verantwortung, oder sind es in ihr nur die Meinungsführer? Sind bei kollektiven Entscheidungen vor allem die Mehrheitsbeschaffer verantwortlich, und ist die Minderheitenrolle exkulpiert? Immerhin ist gemeinsames Handeln etwas anderes als die Addition von Einzelverantwortungen. Kann die unendliche Folgenkette von Handlungen noch überblickt und folglich verantwortet werden?
Ferner schafft Verantwortung einen zusätzlichen Bildungsbedarf und erhöht die Bringschuld der Wissenschaft, der Gesellschaft auch ungelöste Probleme offenzulegen. Ethik ist nicht Waffe der vermeintlich Besseren, sondern hat Beratungsfunktion mit dem Ziel, ein möglichst umfassendes Spektrum an Fragen in die Entscheidung einzubeziehen und sie dadurch verantwortbar zu machen.

Und schließlich: Haben die Risiken ein solches Ausmaß angenommen, daß sie sich jeder Berechenbarkeit entziehen und die Verantwortungskapizität überschreiten? Deshalb wäre die Wissenschaftsverantwortung unter dem Aspekt der Zumutung eines ›Lebens mit dem Risiko‹ neu zu diskutieren.

7. Das Zeit-Rätsel

Schreiben von Präses Peter Beier

Sehr geehrte Herren,

ich komme noch einmal auf ihren letzten Brief zurück, aus dessen Zeilen der Vorwurf spricht, daß sich antitechnische Ressentiments gerne theologisch kleiden und damit unerreichbar machen. Das nehme ich sehr ernst.
Ich teile auch Ihre Erfahrungen, daß es in vielen, meist Gesinnungsgruppen – auch in kirchennahen – an Dialogkultur fehlt.
Gleichwohl gebe ich zu bedenken, daß es schwer ist, soziales Engagement, das durch die Nähe zu den Opfern der Gesellschaft entsteht, mit der Gelassenheit zu vereinbaren, die ein emotionsfreier Dialog voraussetzt. Gleichwohl halte ich mit Ihnen für problematisch, ideologische Voreingenommenheit zum erkenntnisleitenden Interesse zu machen.
Weil nur mit einem vorurteils- und verdächtigungsfreien Dialog die Zukunftsprobleme zu lösen sind, haben wir uns ja auf diesen Briefwechsel eingelassen. Wir wollen uns gegenseitig auf nicht anstößige Weise Anstöße geben.
Dabei reicht es nicht, die gute Absicht zu beschwören, sondern es müssen die anthropologischen Grundannahmen, von denen wir ausgehen, auch und gerade die kontroversen, auf den Tisch. Zu ihnen gehört, wie Sie vermuten, die durchaus konträre Vorstellung von dem, was die Zeit ist.
Lassen Sie mich zunächst induktiv und von pastoralen Erfahrungen ausgehen! Ich kenne menschliche Tragödien, die am fundamentalen Fehlverhalten gegenüber der Zeit zu erkennen sind.
So machen sich Menschen zu Knechten des eigenen Terminkalenders. Sie leben wie eine aufgezogene Uhr, verstehen sich als Zeiteroberer, denn sie verdichten die Zeit durch hektischen Lebensstil, komprimieren die Zeit, packen in sie hinein, kaufen und verkaufen Zeit und merken nicht, daß ihre Zeit, weil erlebnisarm, zur ›verdünnten Zeit‹ (Max Frisch) wird. Sie verbrauchen, verwerten und entwerten die Zeit, nutzen und enteignen sie, rühmen sich ihrer Hochgeschwindigkeitskultur, leben auf der Überholspur und funk-

tionieren am richtigen Leben vorbei, denn hastige Tätigkeit tritt an die Stelle des Erlebens. Sie verstehen Zeit, obwohl sie auch Lebenszeit und Teil von ihnen selbst ist, als käuflichen und verwertbaren Rohstoff, halten Sinnfragen für störend, bemühen sich kaum noch um ganzheitliches Verstehen, sondern beschränken sich auf flachen Informationsaustausch. Sie beantworten Sinnkrisen mit hoher Produktivität, definieren sich vom Tun und nicht vom Sein her, rationalisieren teilhabendes und teilnehmendes Leben aus ihrem Zeitplan weg und – welch ein Zerrbild des Menschseins! – kommen erst im Tode zur Ruhe.

Übertrieben? Kaum. Eher ein Indiz für ein krankmachendes Verhältnis zur Zeit. Das aber hat Vorläufer. Zu ihnen gehört die theologische Akzentverschiebung von der vita contemplativa zur vita activa. Aber auch naturwissenschaftliches Denken, das nur meßbare Fakten wahrnimmt und für das der Zeitablauf nahezu deterministisch ein Ablauf von Kausalketten ist.

Für Naturwissenschaftler war lange Zeit die Zukunft bereits in der Gegenwart angelegt, also verlängerte Gegenwart, und diese wiederum galt als Produkt der Vergangenheit. So wurde Zukunft zwar zum mitwandernden Horizont, doch sie blieb evolutionär bestimmt, wurde also zur Fortschreibung der Gegenwart, allenfalls zur Blickrichtung nach vorn von einem gegenwartsorientierten Standort aus.

Dieser Determinismus wird zwar nicht mehr durchgehalten, doch es gibt noch einen Alltags-Determinismus, dessen Zeit- und Zukunftsbegriff wenig von dem enthält, was der Schöpfungsbericht als voraussetzungslosen Anfang und was der Glaube als Angebot wiederholter Neuanfänge und als Überschuß an Bejahung über alle Verneinungen versteht. Es entsteht eine unwirkliche Zeit, wenn sie auf Berechenbares reduziert, analytisch enträtselt, menschlich verfügbar und letztlich verheißungslos wird.

Der Mensch ist nicht wie die übrige Kreatur in den Zeitstrom geworfen, sondern hat ein Bewußtsein von Zeit, ist also auch ihr Gegenüber und kann aus ihr heraustreten. Die Zukunft ist prinzipiell offen, denn der Glaube kennt eine »radikale Aufgerissenheit der Zeit« (Christian Link) und rechnet mit einem neuen Himmel und einer neuen Erde, also mit Zukunft, die nicht an Kontinuität gebunden ist und an nicht einer unters Mikroskop gelegten Natur abzulesen ist.

Das klingt für ein Denken fremdartig, das die Welt auf meßbare Fakten beschränkt, obwohl diese nichts als geronnene Vergangenheit darstellen. Meßbare Fakten aber stecken keineswegs das ganze Zukunftspotential ab. Zudem helfen sie kaum, die wirkliche Wirklichkeit in ihrer Ganzheit, ihren Beziehungen und Zuordnungen wahrzunehmen. Sie wird durch den Zerrspiegel analytischer Details, stets mit Verwertungsinteresse und, was Neuanfänge angeht, letztlich verheißungslos wahrgenommen. Die Frage, ob die Welt anfanglos ist oder ob sich ihr eine stets anfangträchtige Zukunft eröffnet, führt zur eigentlichen Kluft zwischen Glaube und Wissen, zwischen Offenbarung und Vernunft, zwischen instrumentellem und wahrnehmendem Denken.

Es geht bei dieser Unterscheidung nicht um Rechthaben oder Nicht-Rechthaben, sondern darum, welche Sicht in welcher Situation erkenntnisreicher ist. Ich befürchte, daß es ökologisch verhängnisvoll wäre, wenn die Naturwissenschaftler einen Denkstil dogmatisierten, der Zukunft nicht denken kann, es sei denn als adventlose Fortschreibung der Gegenwart.

Das führt mich wieder zum oben geschilderten Krampf, der sich ergibt, wenn man die Zeit in den Griff bekommen will, nichts als den Realismus – Scheinrealismus! – der nackten Tatsachen gelten läßt und Wahrheit auf sinnlich Wahrnehmbares verkürzt. Ich habe nichts dagegen, effizient sein zu wollen und mit der geschenkten Zeit haushälterisch umzugehen, doch die Bilanz eines erfüllten Lebens enthält mehr als nur zu funktionieren und mit Meßbarem zu hantieren.

Ich bin dankbar für Naturwissenschaftler, die das als Thema einer überfälligen, zweiten Aufklärung begreifen.

8. Leben mit dem Risiko

Schreiben der Naturwissenschaftler

Sehr geehrter Herr Präses,

Sie regen aus guten Gründen an, »Wissenschaftsverantwortung unter dem Aspekt eines Lebens mit dem Risiko neu zu diskutieren.«
Dabei ist zunächst daran zu erinnern, daß frühere Naturkatastrophen wie Seuchen und Überschwemmungen keineswegs berechenbar waren. Zudem hat die Technik die Katastrophenfolgen erheblich gemindert und die Lebenserwartung in einem Jahrhundert von 48 auf 74 Lebensjahre gesteigert.
Wissenschaft und Technik haben also naturgegebene Lebensrisiken ganz erheblich gemindert.
Zugleich ist die technisch-industrielle Zivilisation mit ganz neuen Risiken verbunden, von denen es bei den meisten im Anfang zunächst so scheint, als könnten sie vernachlässigt werden. Einige summieren sich, andere schaukeln sich auf. Der Bereich der »linearen«, also der voraussehbaren Reaktion des Ökosystems ist vielfach überschritten. Risiken können sie so akkumulieren, daß sie das Leben auf Erden bedrohen. Es ist möglich und sogar wahrscheinlich, daß die Ökosphäre destabilisiert wird. Hinzu kommen die Betriebsrisiken großtechnischer Anlagen und die Restrisiken katastrophaler Havarien.
Diese Risiken sind nicht mehr unvermeidbar wie frühere Naturrisiken, sondern vom Menschen verursacht und folglich zu verantworten. Das in einer Größenordnung, bei der der Mensch sich selbst aufs Spiel setzt. Dabei ist zu unterscheiden zwischen Risiken, die der einzelne bewußt eingehen oder vermeiden kann, und solchen, die technokratisch zugemutet werden, ohne daß man es weiß.
Für uns Naturwissenschaftler wäre es wichtig zu wissen, welches Ausmaß an technokratisch zugemuteten Risiken die Gesellschaft aktzeptiert. (Für technologische Risiken wird eine solche Zahl genannt: Ein Toter auf 10 000 Menschen pro Jahr. Aber wer hat sie bestimmt oder gar beschlossen?)

Davon zu unterscheiden ist die gesellschaftliche Akzeptanz, die sich aus tatsächlicher Gefahr und öffentlichem Meinungsklima ergibt.
Gegenüber nicht transparenten Risiken wird oft Prinzip des »Vorrangs der schlechten Prognose« (Hans Jonas) geltend gemacht, wonach angenommen werden soll, daß der Schaden überwiegt, wenn nicht das Gegenteil zu beweisen ist.
Einige halten die Risiken der Freisetzung gentechnisch manipulierter Organismen, besonders von Mikroben und Pflanzen, für unkalkulierbar. Sie lehnen also die Gentechnik unter Berufung auf das Argument von Jonas generell ab. Andere halten dem entgegen, daß die Ernährung einer verdoppelten Weltbevölkerung vom strategischen und weltweiten Einsatz der Gentechnik abhängt. Zwischen solchen Extrempositionen ist eine vernünftige Debatte über Chancen und Risiken der Gentechnik kaum möglich.
Ein intellektuell redlicher Umgang mit dem Risiko ist also dringend geboten. Dazu könnten folgende Leitlinien helfen:

– Abzuwägen ist die Art des Schadens, also ob es sich um Menschenleben, wirtschaftliche Verluste oder Umweltschäden handelt. Ferner der Umfang des Schadens und seine Spätfolgen (z.B. Flüchtlingsströme) sowie seine Eintrittswahrscheinlichkeit.

– Sinnvoller als ein breiter Diskurs über akute Einzelfälle wäre die gesellschaftliche Verständigung auf Signalkriterien, wann eine besondere öffentliche Wachsamkeit geboten ist und welche besonderen Verantwortlichkeiten bestehen. Diese Kriterien müßten neben den äußeren auch die inneren und verborgenen Grenzen dessen aufzeigen, was verantwortbar ist.

– Bekannte Risiken sind unbekannten vorzuziehen. Schäden sollen heilbar und nicht irreversibel sein. Der sichere Nutzen muß die möglichen Schäden eindeutig überwiegen.

– Auszuschließen sind die Risiken
  – von Eingriffen in die menschliche Keimbahn,
  – von medizinischen Tests an mündigen Versuchspersonen ohne deren Einwilligung und
  – des Neubaus von nicht ›katastrophenfreien‹ Kernreaktoren.

Meist liegt der Nutzen technologischer Innovation auf der Hand, während ihre Risiken oft diffus und verborgen und meist schwer abzuschätzen sind.

Zu thematisieren ist ferner, inwieweit die Risikogewöhnung an viele kleine Schäden (ca. 10 000 Verkehrstote) bei gleichzeitigem Widerstand gegen seltene große Schäden noch rational ist. Ebenso scheint die Verzeihlichkeit menschlicher und die Unverzeihlichkeit technischer Fehler einem unbefragten Konsens zu entsprechen. Solch wissenschaftsethische Nachdenklichkeit, die bereits in einigen berufsständischen Kodizes ihren Niederschlag fand, müßte eine breitere öffentliche Debatte erleichtern können.

Wir stimmen Ihnen ja zu, daß sich die Wissenschaft zur demokratischen Verantwortung vor den Bürgern und Bürgerinnen zu bekennen hat. Die Wissenschaft ist aber bisher strukturell noch immer nicht so verfaßt, daß sie überhaupt Verantwortung übernehmen kann. Statt dessen entstehen Verflechtungen mit partikularen Interessen, die einen unvoreingenommenen Dialog erschweren.

Auf der anderen Seite ist in der Gesellschaft eine diffuse und abwehrende Grundeinstellung entstanden, die von einer ebenso prinzipiellen wie ignoranten Veto-Ethik unterstützt wird und nicht bereit ist, die (möglicherweise verheerenden) Folgen ihrer Position zu diskutieren.

Für das Dialogdefizit sind die verantwortlich, die den Bürgerinnen und Bürgern die Mündigkeit rauben. Die einen bestreiten ihnen Sachverstand und Kompetenz, sachlich mitzureden, andere entwerfen angstverzerrte und pauschalierende Zukunftsbilder.

So ist eine Situation entstanden, in der es zum Stillstand der Forschung führen könnte, eine breite Öffentlichkeit in die Risiko-Abschätzung einzubeziehen. Sie ist gleichzeitig gekennzeichnet durch eine große Glaubwürdigkeitslücke, denn viele Bürger nehmen weder der Wissenschaft noch der Wirtschaft noch der Politik ab, unbefangen, ehrlich und im Gemeinwohlinteresse die Risiken abzuschätzen. Ihnen wird unterstellt, lieber Ängste zu besänftigen und Großrisiken in Restrisiken umzudeuten als Gefahren abzuwenden.

Dadurch ist die Themensetzungskompetenz zu zivilgesellschaftlichen Organisationen abgewandert, die es auch im Bereich der Wissenschaften gibt. Das Vertrauen in gesellschaftliche Großorganisationen hat sich verringert und so ihre Problemlösungsfähigkeit geschwächt. Die Politik kann in diesem Klima oft nur noch organisierte oder modische Empörungen und Risikofixierungen moderieren.

Wir stimmen Ihnen, sehr geehrter Herr Präses, durchaus zu, daß es gelingen muß, von diffuser und vagabundierender Angst, die sich an beliebigen Themen festmacht, zu konkret beschreibbarer und auf Veränderung zielender Furcht überzugehen.

Deshalb bitten wir die Kirche, sich sachkundig und mit ihrer eigenen Kompetenz an der notwendigen Risikodebatte zu beteiligen und zu helfen, vermeidbare von unvermeidbaren und zumutbare von nicht verantwortbaren Risiken zu unterscheiden. So würde die Kirche die Menschen in ihrer Verängstigung nicht allein lassen. Daß viel aufzuarbeiten ist, zeigt sich schon daran, daß ›Risiko‹ bisher weder Wort noch Thema der Theologie zu sein scheint.

Wir brauchen eine Kultur der Risikowahrnehmung und -abschätzung nicht nur durch einzelne Spezialisten, sondern durch eine breite Öffentlichkeit. Wir Naturwissenschaftler möchten in einer Gesellschaft leben und arbeiten, die letztlich selbst entscheidet, welche Risiken sie eingehen will und welche nicht.

9. Die Zivilgesellschaft erwacht

Schreiben von Präses Peter Beier

Sehr geehrte Herren,

Sie schrieben – ich habe es mit großem Respekt gelesen –, daß Sie als Naturwissenschaftler nicht in einer Gesellschaft leben möchten, die sich von Großrisiken nicht aufschrecken läßt. Ebensowenig möchten Sie in einer Gesellschaft leben, bei der die notwendige Sensibilität für Risiken in irrationale Technikphobie umschlägt.
In diesem Zusammenhang möchte ich empfehlen, sich rechtzeitig mit der Entwicklung einer eigenständigen Zivilgesellschaft vertraut zu machen, mit ihr den Dialog zu suchen und sich mit ihr anzufreunden, damit sich die Fronten zwischen Technik und kritischer Gesellschaft nicht noch mehr verhärten.
Die USA erleben gegenwärtig einen Aufbruch zur Zivilgesellschaft. Sie wird sich – mit der üblichen Zeitverzögerung – bald auch in Europa als eigenständige Kraft gegenüber Politik, Wirtschaft und Technik etablieren.
Einerseits wendet sie sich gegen die Staats-, Politik-, Parteien- und Institutionenverdrossenheit, andererseits will sie durch Mitsprache die Autonomie zukunftsrelevanter Bereiche reduzieren. Sie wird also auch gegenüber der Technik Mitsprache einfordern.
Zur Zeit ist die Zivilgesellschaft noch ein Suchbegriff. Er könnte jedoch bald zum Kampfbegriff werden, wenn ihr der Spießrutenlauf jeder neuen Idee zugemutet wird, nämlich erst ignoriert, dann belächelt, dann bekämpft, dann hingenommen und dann für selbstverständlich gehalten zu werden.
Mit der Zivilgesellschaft deutet sich eine Mentalitätswende an. Sie will als dritte Säule der Gesellschaft das politisch-ökonomische Monopol auf Zukunftsgestaltung brechen und sich gegenüber den ›Sachzwangverwaltern‹ in Wirtschaft, Politik und Wissenschaft einen Freiraum für humanere Gesellschaftsentwürfe erobern.
So beanspruchen Vereine, Bürgerinitiativen, berufsständische Zusammenschlüsse, religiöse und soziale Bewegungen und Nichtregierungsorganisationen – kurz: die Zivilgesellschaft – eine eigene Themensetzungskompetenz.

Sie wehren sich dagegen, daß die politischen und ökonomischen Konkurrenzbeziehungen das gesellschaftliche Leben überwuchern. Denn sie wollen das Soziale wieder aufforsten, Lebensbeziehungen aufwerten, Kommunikation pflegen, Freiräume fürs Mittun eröffnen, Autonomie in Sinnfragen zurückgewinnen und so die Herrschaft von Wettbewerbsnormen wie Leistung, Erfolg und egozentrischem Individualismus eindämmen.
Die Zivilgesellschaft wird erhebliche Konflikte in der Kirche auslösen, denn einige erwarten, daß die Kirche zum Kristallisationskern dieser neuen Formierung wird. Andere befürchten eine gesellschaftspolitische Instrumentalisierung der Kirche. Sie wehren sich gegen Versuche, die Kirchen zum ›Durchlauferhitzer‹ für Modernisierungs-, Orientierungs-, Überforderungs- und Abstiegsängsten zu machen, weil sie sich dann bei denen einreiht, die den Weg in die Zukunft blockieren.
Die Zivilgesellschaft muß sich in einem Zweifrontenkrieg behaupten, denn sie hat den Rückzug in die unpolitische Privatheit der Selbstverwirklicher zu bekämpfen, und gleichzeitig wird sie gegen die ökonomisch-politische Kolonisierung des marktzentrierten Gesellschaft aufstehen.
In diesem Konflikt steht viel auf dem Spiel, weil eine so exportorientierte Nation sich eigentlich ganz auf technischen Fortschritt konzentrieren müßte, genau das aber in einem technikfeindlichen Meinungsklima nicht kann.
Eine Zivilgesellschaft, die angemaßte Macht durch Gegenmacht neutralisiert und Chancen der Partizipation eröffnet, wird ein nachhaltiges theologisches Echo finden, weil sie indirekt den ökumenischen Leitbegriff von der verantwortlichen und für die Mitgestaltung durch alle offenen Gesellschaft wieder aufgreift. Die katholische Soziallehre wird in ihr wichtige Impulse zurück zur solidarischen und subsidiären Gesellschaft sehen.
Man kann natürlich defensiv auf die Zivilgesellschaft reagieren, doch das würde den Blick für den Wahrheitskern ihres Anliegens trüben. Mehr noch: Machtpolitisch zu reagieren, würde Energien verschleißen, die wir dringend benötigen, um zukunftsfähig zu werden.
Ich schildere das in der Hoffnung, daß die Naturwissenschaften diesen Trend zur Zivilgesellschaft konstruktiv-kritisch begleiten und nicht nur defensiv darauf reagieren.

10. Anthropologische Perspektiven der Informationsgesellschaft

Schreiben der Naturwissenschaftler

Sehr geehrter Herr Präses,

der von Ihnen geschilderte Trend zur Mobilisierung der Zivilgesellschaft zeigt, daß es hohe Zeit wäre, unseren Dialog auch öffentlich zu führen. Doch nicht nur die Zivilgesellschaft, sondern auch die Informationsgesellschaft verändert die politische und zivilisatorische Grundströmung.
Die Informationsgesellschaft ist ein Produkt von Vektoren technischer und sozialer Trends. So paßt ein wachsender Wertenihilismus durchaus zur deutungs- und bedeutungslosen Informationsflut, die desorientiert und personale Kommunikation durch das Übermaß technisch vermittelter Informationen verarmen läßt. Es gehört zu den wesentlichen Ursachen der Mentalitätswende, daß Menschen in vernetzte Systeme eingebunden und einer Desinformation durch Überinformation ausgesetzt sind. Der überforderte Informationsverarbeiter sieht sich einer Informationsaggression ausgesetzt und lastet sie der Technik an, die ihm als schleichende system- und gesellschaftsverändernde Kraft erscheint.
Zudem ist die Begeisterung für Hochleistungsnetze wie Internet so groß, daß in der Informationsszene vorläufig jede Nachdenklichkeit gegen den Wind geredet ist. Die Informationsgesellschaft lebt mehr und mehr von Informationen zweiter Hand und bewegt sich weithin in einer nur virtuellen Realität. Indiz für das, was an gesellschaftsverändernder Kraft entsteht, ist die steile Kurve der Internet-Neuanschlüsse: Sie verdoppeln sich alle zwei Monate. Im Jahr 1999 werden es 200 Millionen sein. Bald ist der Anschluß an die sogenannte Datenautobahn Existenz- und Zukunftsfrage jeder Volkswirtschaft.
Jeder kann mit jedem kommunizieren. Für die Jugend eröffnet sich unter dem Datenhelm ein kommunikatives Paradies, das sich so verfeinern läßt, daß es alle Sinne wie Sehen, Hören und Fühlen mit einbindet. Es entsteht eine grenzenlose Kommunikation mit weltweitem und interaktivem Direktzugang und sprengt die bisherigen Vorstellungen räumlicher Begrenztheit.

Wir wollen zwar die Vorteile nicht kulturpessimistisch klein und die Nachteile groß schreiben, glauben aber, daß unvorbereitete Schritte in die Informationsgesellschaft zu Technikfolgen führt, die keineswegs nur der Technik anzulasten sind.
Insbesondere sind folgende Problemanzeigen rechtzeitig zu berücksichtigen:

1. Für eine Gesellschaft, die sich auf eine Kommunikationstechnik verläßt, die stör- und mißbrauchsanfällig ist, entstehen neue Sicherheitsprobleme.
2. Die Authentizität manipulierter Informationen ist kaum noch überprüfbar.
3. Die Informationsflut läßt sich nur noch selektiv wahrnehmen, doch das führt zu einem verzerrten Wirklichkeitsbild.
4. Jeder Überfluß unterfordert bestimmte Kräfte und besitzt deshalb degenerative Folgen. Das gilt auch für die Informations-Überfütterung.

So hat das Schreiben die Gedächtnisleistung vermindert, der Taschenrechner hat das Kopfrechnen überflüssig gemacht, die Telefonkultur hat die Briefkultur verdrängt, das Fernsehen hat die Lesefähigkeit beeinträchtigt, und das Auto hat die körperliche Gesundheit gemindert.

Deshalb fragen wir uns:
Führen Überinformation, das Leben von Informationen zweiter Hand und die Wahrnehmungsdefizite in einer nur virtuellen Wirklichkeit zu einer mentalen Degeneration?
Zeichnet sich vor manchem Fernsehschirm ein Informations-Suchtverhalten und eine blindes Vollaufen-Lassen mit Informationen ab?
Verhindert das Informationsdesign eine distanzlose Nähe zum Dargebotenen, obwohl geistige Prozesse stets damit beginnen, Abstand zu nehmen?
Erschwert oder erleichtert die Überfülle an Informationen das moralische Urteilen?
Muß deshalb nicht rechtzeitig, auch wenn es unpopulär ist, ein wenig Wasser in den Wein der Informationseuphorie gegossen werden?
Wird Internet zu einer globalen Überindividualität, zumindest für Besserverdienende, so daß der Zugang zu den neuen Informationsquellen die gesellschaftliche Chancenverteilung zusätzlich polarisiert? Und das auch zwischen den Ländern des Nordens und des Südens?
Auch auf die Kirche wird die Informationswende nicht ohne Einfluß bleiben, denn als Kirche des Wortes ist sie auch eine Kirche

des Hörens. Einer Gesellschaft, die Bildung durch Suchkompetenz ersetzt, in der alle Informationen gleich-gültig sind und deren Hektik die Tiefendimension von Informationen nicht mehr ausloten läßt, erscheint der traditionelle Verkündigungsstil wie eine fremde Welt.

So verursacht nicht nur eine erwachte Zivilgesellschaft, sondern auch die Informationsgesellschaft eine gesellschaftspolitisch relevante Trendwende, auf die Naturwissenschaften und Theologie sich einzustellen haben.

II.

Gründe und Hintergründe

11.
Ludwig Siep
Naturbegriff und philosophische Ethik

Ethik hat es mit der Frage nach den gebotenen Grenzen des Handelns zu tun. Wenn alles, was jemand will und kann, auch erlaubt oder gut wäre, gäbe es keine moralischen Gebote. Ethik hat es aber auch mit Gütern zu tun, an deren Verwirklichung wir mitwirken sollen. Allein durch das Einhalten von Grenzen des Handelns werden wir nicht einmal die elementaren Ernährungs- und Bildungsbedürfnisse der Menschen dieser Erde befriedigen können.

Die *Grenzen*, die unseren Handlungen gezogen sind, können im Willen Gottes, in den Bedürfnissen und Wünschen anderer Menschen, vielleicht auch anderer Wesen liegen. Sie können durch bestimmte Werte – z.B. das Vertrauen in Institutionen – oder durch Ordnungen vorgezeichnet sein, deren Verletzung für uns selbst oder andere schlecht ist. Ethische *Güter* sind die Weltzustände, die wir gemeinsam und mit guten Gründen für erhaltens- und erstrebenswert erachten. Die Gemeinsamkeit der Wertungen und Güterschätzungen wurde traditionell durch Religionen und Weltanschauungen gesichert. Die Freiheit der individuellen Überzeugungen in der europäischen Neuzeit erhöht die Gefahr der Konflikte um Güter und Werte und damit auch die der Überschreitung von Grenzen des wechselseitig zumutbaren Handelns. Zudem steigert die wissenschaftlich-technische Entwicklung die Fähigkeit des Menschen, die Welt zu verändern und einander zu nutzen oder zu schaden.

Ethik und Rechtsphilosophie der europäischen Neuzeit haben sich daher vor allem darum bemüht, private und kollektive Gewaltanwendungen (Krieg) bzw. Gewaltbereitschaft durch begründete moralische Verbote zu disqualifizieren. Das verändernde Handeln der Technik – im modernen Sinne als Anwendung von Wissenschaft beim Herstellen – wurde dagegen in aller Regel als hilfreich für die Beseitigung von Konfliktursachen angesehen. Technik beseitigt Knappheit und mildert das Streben nach Herrschaft über andere Menschen zum Zweck der Mühsalerleichterung und des Gütererwerbs. Die Gegenstände technischer Veränderungen sind nicht in

erster Linie andere Menschen, sondern die unbelebte und – in wachsendem Maße – die belebte Natur.
Natur wird aber in der Neuzeit immer weniger als Schöpfung Gottes, als Ausdruck seines Willens oder als eine in sich wertvolle Ordnung (Kosmos) verstanden. Sie ist vielmehr von wertfreien Naturgesetzen bestimmt, die man bei der Verfolgung menschlicher Zwecke berücksichtigen muß. Daß es auch für unsere technische Weltveränderung ethische Grenzen geben könnte, ist eine relativ neue Erfahrung fortgeschrittener Industriegesellschaften. Unsere Eingriffe in die Natur sind so tiefgreifend und irreversibel, die Möglichkeiten zu ihrerer Veränderung »bis zur Unkenntlichkeit« wachsen – vor allem mit der Biotechnik – so rapide, daß die Frage nach den gebotenen oder tunlichen Grenzen dieses Handelns unabweisbar wird. Dies ist eine ethische Frage – aber die moderne Ethik ist darauf nicht gut vorbereitet.
In der philosophischen Ethik der Neuzeit spielt der Begriff der Natur nur eine untergeordnete Rolle. Gegenstand dieser Ethik sind die zwischenmenschlichen Pflichten, Quelle ihrer Erkenntnis und ihrer Gültigkeit ist die Vernunft, das Gewissen oder das moralische Gefühl des Menschen. Die Erkenntnis der Natur ist das exklusive Feld der Naturwissenschaft, aber aus dieser Erkenntnis folgen keine Werte oder Normen. Naturwissenschaft hat es mit der kausalen Erklärung regelmäßiger Folgen von Ereignissen in Raum und Zeit zu tun, nicht mit Taten, die bewußt einer Norm folgen oder gegen sie verstoßen. Schuld und Verdienst, Befolgung und Übertretung von normativen Gesetzen wird nicht von Naturgesetzen determiniert. Das zu zeigen ist allerdings eine zentrale Aufgabe der neuzeitlichen Philosophie, die – in Kants Worten – den Bereich der Naturwissenschaft einschränken muß, um für die Moral und den Glauben »Platz zu schaffen«.
Die Philosophie schafft so eine Art »Pufferzone« zwischen Naturwissenschaft und Theologie. Die Theologie spricht über eine »andere Natur« als die Naturwissenschaft. Theologische Aussagen über die Natur als Schöpfung oder als Bereich göttlichen Heilshandelns sind moralisch bedeutsam, aber sie helfen nichts bei der Erklärung von natürlichen Ereignissen, erst recht nicht ihrer technischen Beherrschung im Dienste des menschlichen Wohls. Spinoza und andere Philosophen der Neuzeit feiern die Befreiung der Naturwissenschaft von theologischen Streitigkeiten, aber sie fordern zugleich eine philosophische Streitschlichtung zwischen den verschiedenen Konfessionen, wenn es um die Grundlagen der Moral und des Staates geht. Am Anfang der Entwicklung der neuzeitlichen Ethik und Rechtsphilosophie steht die traumatische Erfahrung

der religiösen (konfessionellen) Bürgerkriege – und gegenwärtig erleben wir ja eine Wiederholung dieses Schocks in Europa.

Die philosophische Ethik bekommt in dieser Situation die Aufgabe, eine Minimalmoral zu begründen, über die sich Angehörige jeder Konfession, später auch Theisten und Atheisten, einigen können. Sie darf dabei nicht auf die Erkenntnisse der Naturwissenschaft zurückgreifen, denn diese sind Hypothesen, die im Fortschreiten der Wissenschaft revidiert werden können. Ethik und Recht brauchen aber ein verläßliches Fundament jenseits solcher Hypothesen und jenseits der religiösen Glaubenskämpfe. Ob die Ethik ein solches Fundament je gefunden hat, mag umstritten sein. Unbestrittene Minimalregeln hat sie aber aufstellen können. Dazu gehören die wechselseitige Rücksicht auf körperliche Integrität sowie die Freiheit der Überzeugung und der persönlichen Lebensgestaltung; Einschränkung der Handlungsfreiheit nur nach für alle gleichen Regeln; gleiche Rechte der Mitbestimmung an diesen Regeln; wechselseitige Hilfeleistung und Kooperation usw.

Für die Lösung ihrer Mittleraufgabe zwischen Theologie und Naturwissenschaft sowie zwischen den Weltanschauungen einer zunehmend pluralistischeren Gesellschaft mußte die philosophische Ethik die Natur ausklammern. Das gilt jedenfalls für ihre einflußreichsten Vertreter, für Hobbes und Spinoza, Hume und Kant, Bentham und Mill – in der Gegenwart für Utilitaristen, Diskursethiker (Apel, Habermas) und Sprachanalytiker (Hare). Diese »Naturvergessenheit« war so lange unproblematisch, wie die Folgen von Naturwissenschaft und Technik für das menschliche Leben uneingeschränkt oder überwiegend positiv erschienen: Sicherung vor Naturkatastrophen, Verhütung (Hygiene) und Bekämpfung von Krankheiten, Erleichterung der Mühsal bei der Naturbearbeitung und bei den Beschwernissen der körperlichen Fortbewegung, des Transports von Lasten, der Wohn- und Arbeitsbedingungen (Heizung, Energie, maschinelle Produktion) etc.

Der Zweifel an den »Segnungen« des Fortschrittes beginnt freilich schon im 18. Jahrhundert (Rousseau) und durchzieht die sozialrevolutionären Bewegungen des 19. Jahrhunderts. Aber die Folgen der Industrialisierung für das Leben der Arbeiterschaft und der unteren Klassen wurden nicht primär der Technik angelastet, sondern den sozialen Verhältnissen. Sie konnten mit Begriffen und Normen der »naturfreien« Ethik behandelt werden: der Ausbeutung und Schädigung von Menschen durch Menschen, der Verstöße gegen Gerechtigkeit und Menschenwürde. Diese Kriterien versagen erst dann, wenn der Nutzen der technischen Möglichkeiten in den hochtechnisierten Gesellschaften einigermaßen fair verteilt ist und wenn er die Befriedigung der elementaren Bedürfnisse bei weitem übersteigt. Jetzt kommen neue Problembereiche der Technikfolgen in den Blick, die das Absehen von Natur in der Ethik fragwürdig machen: die Erschöpfbarkeit der natürlichen Ressourcen (1), die Risiken technischen Handelns für unfreiwillig Betroffene (2) und schließlich die Grenzen des »Umbaus« der Natur zu (immer beliebigeren) menschlichen Zwecken (3).

Die ersten beiden Problembereiche lassen sich durch Modifikationen und Erweiterungen vielleicht noch im Rahmen der neuzeitlichen Ethik zwischenmenschlicher Pflichten behandeln.

(1) Für den Problemkreis der Erschöpfbarkeit der natürlichen Ressourcen muß man vor allem den Kreis der Betroffenen möglicher Schäden erweitern auf die zukünftigen Generationen – bis in eine sehr ferne Zukunft. Ob eine solche »Fernstenethik«, wie Hans Jonas meint, die traditionelle europäische Ethik bereits überfordert, kann man bezweifeln. Schwierigkeiten hat man hier am ehesten mit der Frage, wie viele Menschen auf der Erde leben sollen und welche Einschränkungen individueller Freiheit durch eine »Weltbevölkerungspolitik« zu rechtfertigen sind. Denn die neuzeitliche Ethik und das moderne Recht rechnen mit existierenden Rechtsträgern, die ihre Ansprüche selber oder durch Vertreter geltend machen können. Rechte zukünftiger (möglicher) Individuen auf Existenz passen in diesen Rahmen nicht, allenfalls Gesichtspunkte der Verteilungsgerechtigkeit zwischen den Generationen. Aber dabei muß eben die Größe der zukünftigen Weltbevölkerung antizipiert werden.

(2) Auch das Problem der Risikozumutung bei Anwendung technischer Produkte ist im Prinzip mit den Kriterien der Nichtschädigung anderer Menschen zu behandeln. Nur hat man es heute nicht immer mit manifesten und sicher eintretenden Schäden zu tun, sondern mit der Zumutung von Schadenswahrscheinlichkeiten zugunsten von Vorteilen, die ganz unterschiedlich eingeschätzt werden. Dürfen zwei Drittel der Bevölkerung eines Landes, die für sich angesichts der Vorzüge das Risiko des Autofahrens in Kauf nehmen, das restliche Drittel den Gefahren der passiven Verkehrsteilnahme aussetzen? Darf man den steigenden Energiebedarf einer hochentwickelten Konsumgesellschaft durch eine Technik befriedigen, die ein geringes, aber in den Ausmaßen möglicherweise apokalyptisches Restrisiko enthält? Wie steht es angesichts der Bedrohungsgefühle mit dem Minderheitenschutz? Schaden vom anderen fernzuhalten verlangt auch, seine subjektive Risikoeinschätzung und die Belastung eines Lebens mit Ängsten zu berücksichtigen. Dagegen muß aber abgewogen werden, wann diese Rücksicht

in absehbare schwere Schäden durch Verzicht auf technische Entwicklungen führt.

Vom Gebot der Nichtschädigung und der Vermeidung von Konflikten zwischen Menschen her erscheint die technische Naturbeherrschung zunächst nur positiv, weil sie Knappheit und Lasten ermäßigt. Davon gehen auch die sozialrevolutionären Utopien des 19. Jahrhunderts aus. In den hochtechnisierten Gesellschaften tritt aber eine neue Form von Knappheit auf: Für die Lebensweisen, die von Teilen der Bevölkerung gewünscht werden, müssen technische und organisatorische Bedingungen geschaffen werden (Verkehrswege, Energie, Informationsverarbeitung), die andere Lebensformen unmöglich machen.

Der liberale Staat hatte versprochen, durch Wohlstandsmehrung dem einzelnen nur Mittel der Lebensgestaltung zu verschaffen, ohne die Wahl seiner Ziele zu beeinflussen. Aber die Steigerung des individuellen Wohlstandes ist nicht mehr neutral gegenüber dem Leben, das die einzelnen mit den erworbenen materiellen Mitteln führen wollen. Der globale Wettbewerb führt zu einer umfassenden technischen und organisatorischen Rationalisierung, die nur noch bestimmte, nicht von allen gewollte Lebensformen zuläßt. Daher entsteht der Protest der »Alternativen« gegen die technische Zivilisation insgesamt, aber auch die Heftigkeit der Vertreter einer »natürlicheren« Lebensweise gegen bestimmte Wege der Energie- und Verkehrstechnik.

Für die Ethik stellt sich heute die Frage, ob der Grad der Technisierung nicht selber Gegenstand einer ethischen Diskussion und der öffentlichen Willensbildung werden sollte. Die Frage, wieviel Technik dem Menschen und der sozialen Harmonie guttut, könnte ein unumgängliches Thema der Ethik werden.

(3) Die Herausforderung der Ethik durch die Fragen eines richtigen, verantwortbaren Umganges mit der Natur zeigt sich am deutlichsten beim dritten Problemkreis. Die Frage, wieviel Technisierung dem Menschen guttut, bekommt durch die Möglichkeiten der Biotechnik eine neue Dimension. Hält sich die gentechnische Medizin an die Grenzen der Krankheitsbekämpfung, oder führt sie zur »Verbesserung« menschlicher Eigenschaften und Fähigkeiten? Bleibt die gentechnische Tier- und Pflanzenzüchtung im Rahmen der uns vertrauten Natur einer Mannigfaltigkeit von konkurrierenden Arten, oder »konstruiert« sie eine für beliebige menschliche Wünsche geeignete Welt völlig neuer Mischungen und Optimierungen? Führt sie zu einer Reduktion der Mannigfaltigkeit, die die monotonisierenden Folgen der technischen Zivilisation für das nicht-menschliche Leben auf der Erde verstärkt?

Solche Fragen – und nicht nur die nach den Risiken der Gentechnik für die Gesundheit – liegen der gesellschaftlichen Kontroverse über diese Technik zugrunde. Zugleich zeigen sich aber Ansätze zu einem internationalen Konsens über Maßstäbe des Umganges mit der nicht-menschlichen Natur (Konvention über Artenvielfalt, Ausweitung der Tierschutzgesetzgebung, Verfassungsartikel über den Umweltschutz etc.), die noch der prinzipiellen Begründung durch die Ethik bedürfen.

Auf eine Diskussion über die rechtlichen und moralischen Grundlagen des Umganges mit der Natur und über Grenzen der Technisierung ist die philosophische Ethik infolge der geschilderten Ausklammerung der Natur nicht vorbereitet. Sie hat darauf entweder durch eine Erweiterung der Moral der zwischenmenschlichen Pflichten oder durch die Rückkehr zu einer metaphysischen Naturauffassung (Jonas) reagiert. Der letztere Weg hat vielfach zu neuen Bündnissen mit der Theologie geführt. Die philosophische Ethik bleibt aber in wesentlichen Hinsichten an ihre neuzeitliche Funktion gebunden: Sie muß den Pluralismus der Weltanschauungen akzeptieren, die Überzeugungs- und Gewissensfreiheit der Individuen verteidigen, und ihre Aussagen über die Natur müssen mit den wissenschaftlichen Kausalerklärungen kompatibel bleiben.

Die wissenschaftlichen Theorien über Fakten und Gesetze der Natur sind aber nach meiner Auffassung vereinbar mit einem wertenden Naturbegriff, der sich aus den Quellen der griechischen Philosophie sowie dem Christentum und anderen religiösen Traditionen speist. In den griechischen Begriffen des Kosmos und den christlichen der Schöpfung ist eine positive Wertung impliziert: Kosmos und Schöpfung bedeuten eine Ordnung, die für alle an ihr beteiligten Wesen gut ist – oder in der Zukunft gut werden kann. Hinsichtlich der Möglichkeit einer solchen Ordnung und der Pflicht des Menschen, an ihr mitzuwirken, besteht kein Dissens zwischen der (griechischen) philosophischen und der (christlichen) theologischen Tradition.

In beiden Traditionen gibt es allerdings eine starke anthropozentrische Strömung, die den Menschen allein als Endzweck und Nutznießer der Welt versteht. In der philosophischen Tradition geht diese Strömung teilweise auf die Rechtfertigung der Nutzung und des Verzehrs von Tieren und Pflanzen zurück, teilweise auf die Vorstellung, daß sich die niederen zu den höheren Lebewesen wie Mittel zu Zwecken verhalten. Bis in die frühe Neuzeit wurde diese Anthropozentrik aber eingeschränkt durch die Vorstellung einer Gesamtordnung, die von einer über den Menschen hinausgehenden Vernunft gesteuert wird.

In der Tradition des Christentums speist sich die anthropozentrische Strömung wohl ebenfalls aus der theologischen Rechtfertigung menschlicher Kultivierung (»macht euch die Erde untertan«), zudem aber auch aus den Vorstellungen der Verwandlung der Natur durch Sündenfall und Erlösung. Daraus ergibt sich eine – unterschiedlich weit ausgelegte – Befugnis des Menschen, sich auf dem Wege zu diesem Endziel die Schöpfung zunutze zu machen bzw. zu »unterwerfen«. Die neuzeitliche Naturwissenschaft hat selber starke Impulse von dem religiösen (vor allem angelsächsisch-calvinistischen) Verständnis der Vervollkommung der Welt durch ihre technische Zurichtung auf den Menschen erhalten (Bacon, Locke etc.). Noch bis in die moderne Energietechnik-Debatte zieht sich die Idee, die fortschreitende Technisierung sei die Vollendung der Schöpfung bzw. die Mitwirkung an der Erlösung. Dem steht aber die Auffassung gegenüber, daß die Schöpfung und die Geschöpfe »je nach ihrer Art« gut und durch den Sündenfall nicht völlig verdorben sind.

Trotz dieser Verwandlungen und Gegenströmungen hat sich ein Kern der Kosmos- und Schöpfungstradition erhalten. Dazu gehört die Auffassung, daß in der Natur eine Art gerechter Sozialordnung zwischen Wesen möglich ist, die einander nicht bloß als Mittel zum Zweck dienen. Der Kosmos entspricht der Möglichkeit nach dem Haus oder der Stadt, in der Wesen aller Stufen einen Platz und eigene Entwicklungsmöglichkeiten haben. Selbst wenn der Mensch als Herr dieses Hauses verstanden wird, soll er das Gedeihen der von ihm Regierten im Auge behalten. Die Herrschaft der Vernunft, die für diese Tradition im Leben der Individuen und der menschlichen Gemeinschaften, aber auch im Kosmos möglich ist (Analogie von Psyche, Polis und Kosmos), besteht darin, möglichst jedem das Seine zukommen zu lassen, also ebenfalls für die Erhaltung und Entfaltung der Wesen »je nach ihrer Art« zu sorgen.

Das bedeutet keine harmonische und idealisierte Auffassung der Natur. Daß in der erfahrbaren Natur überwiegend Streit und Konflikt herrschen, haben ebenfalls schon die frühen griechischen Philosophen gesehen. Aber der Streit ist nicht unvereinbar mit einem zumindest temporären Ausgleich. Gerade dadurch, daß das »Mehr-Haben-Wollen« der Individuen und Gruppen durch das Sich-Wehren der anderen in Schranken gehalten wird, kann eine Koexistenz des Mannigfaltigen entstehen. Sie ist durch Dominanz- und Monopolisierungsversuche immer wieder gefährdet, aber wenn sie zustandekommt, ist sie gut – und der an diesem Zustandekommen beteiligte Mensch ist eben darum ein »guter Mensch«.

In der Verbindung dieser Komsosvorstellung mit der Idee eines allweisen und allgütigen Weltschöpfers ist vor allem im Mittelalter die Auffassung enstanden, die Natur sei in ihrer vorliegenden Gestalt eine perfekte, absolut zweckmäßige und unveränderliche Gesamtordung, in die der Mensch sich einzufügen und die er nachzuahmen habe. Diese Vorstellungen wurden bekanntlich auch zur Legitimation einer hierarchischen menschlichen Gesellschaftsordnung verwandt. Die theologisch-metaphysischen Hintergründe dieser Auffassung sind für die moderne Philosophie aber ebenso unannehmbar wie ihre sozialen Konsequenzen. Solche Idealisierungen der »perfekten« Natur klingen aber auch heute noch nach, wenn von einer vorbildlichen natürlichen Ordnung gesprochen wird, in die man nicht eingreifen darf, oder von einem stabilen natürlichen Gleichgewicht, das man nicht stören darf, oder auch von einer vorzivilisatorischen Einfachheit des glücklichen Lebens.

Zur philosophischen Tradition des Naturbegriffs gehört dagegen auch die Einsicht in die kultivierende Tätigkeit des Menschen. Viele Lebewesen stehen in einem verändernden Austausch mit ihrer Umgebung, der Mensch als auf Lernen, Instrumente und Kultivierung von Naturprodukten angewiesenes Wesen in besonderem Maße. Eine gerechte Sozialordnung der Natur, die temporär möglich erscheint, setzt also einen breiten Spielraum für Kultivierung und Technisierung voraus. Dieser Spielraum wäre aber überschritten, wenn allein zum menschlichen Nutzen die Mannigfaltigkeit und das Gedeihen der nicht-menschlichen Wesen zur Disposition stünde.

Naturvorstellungen der hier skizzierten Art sind über die philosophische und theologische Tradition Europas in das Alltagsbewußtsein eingegangen. Die Alternative einer grenzenlosen technischen Naturbeherrschung hat ihnen freilich seit drei Jahrhunderten entgegengewirkt. Diese Grenzenlosigkeit ist zu einem Faktor der Unsicherheit und des Gefährdungsgefühls geworden. Es ist daher eine legitime Aufgabe der Philosophie und der Theologie, an diese Traditionsbestände zu erinnern und sie unter den Bedingungen der pluralistischen Gesellschaft und ihrer wissenschaftlichen Rationalität wieder zur Geltung zu bringen. Die Natur wieder zu vergöttlichen, wäre »heidnisch« und mit dieser Rationalität unverträglich. Sie zu tabuisieren und die moderne Technik zu stigmatisieren, wäre ebensowenig mit der heutigen Philosophie, Theologie und Wissenschaft vereinbar.

Aber Natur *bloß* als Gegenstand der wertfreien Forschung und als Material der bequemlichkeitssteigernden Technik zu betrachten, ist von dieser Rationalität *nicht* gefordert. Wir können unser soziales und individuelles Handeln nicht nur an den Grenzen menschlicher

Interessenkonflikte orientieren – wir brauchen auch eine Rahmenvorstellung der Natur, in der wir sozial- und naturverträglich leben können. Darin wäre zumindest der Zustand einer Mannigfaltigkeit von artverschiedenen Wesen vorgezeichnet, die miteinander koexistieren und sich entwickeln können. Natur als ein Gefüge von verschiedenartigsten interdependenten »Teilnehmern« paßt im übrigen auch gut zu den nicht-wertenden Naturbegriffen der modernen Biologie (z.B. der Ökologie).

Zumindest als Kriterium für Grenzen unseres naturverändernden Handelns muß die moderne Ethik einen solchen »sozialen« Naturbegriff wieder zulassen. Nur so wird sie auch der Vermittlungsfunktion zwischen Naturwissenschaft und Theologie gerecht werden, die ihr in der pluralistischen Gesellschaft vermutlich immer noch zukommt.

12.
Jürgen Hübner
Grenzen im Naturverständnis, in Naturwissenschaft und Theologie

Schöpfung und Natur

Für den antiken Menschen hatte die Natur religiöse Qualität. In vielen Religionen gilt das bis heute. In der Bibel ist die Natur Gottes Schöpfung. Juden und Christen, aber beispielsweise auch Moslems haben durch die Jahrhunderte hindurch daran festgehalten. Im Mittelalter gab es keinen Zweifel: Den Kosmos, so wie man ihn von der Erde aus erkennen und sehen konnte, hatte Gott so geschaffen. Mit Hilfe der griechischen und römischen Philosophie versuchte man, sich genauere Vorstellungen zu machen. Die Geometrie erschien dabei als ideales Medium: Dreieck, Rechteck, Kreis und später – im Barock – die Ellipse boten sich an, den Bauplan der Schöpfung zu rekonstruieren. Im Bau der romanischen und gotischen und dann in der barocken Kirche konnte man das sogar architektonisch darstellen.

Ist Gott also ein Geometer? Johannes Kopier und Galilei Galilei waren in der Tat dieser Meinung. Ihre astronomische und physikalische Arbeit verstanden sie theologisch: Gottes Gedanken, die der Schöpfung zugrunde liegen, wollten sie ergründen und verstehen. Von solchen Vorstellungen ausgehend, wurde zur Zeit von Renaissance und Barock eine ganze Fülle von Weltmodellen entworfen. Sie alle versuchten, den Plan der Schöpfung zu erfassen. Noch in der Aufklärung wirkt das nach, ausgeweitet und gleichzeitig eingeengt auf die Möglichkeiten und Perspektiven der menschlichen Vernunft allgemein.

Von diesem Interesse geleitet, entstand die moderne Naturwissenschaft. Ging es darum, Gottes Gedanken nachzuspüren, so war ganz besondere Sorgfalt geboten. Das Exaktheitsideal entspricht der Ehrfurcht vor Gottes Werk: Nichts darf man behaupten, was man nicht auch verantworten, und das heißt auf dem Gebiet der Naturerkenntnis: was man nicht beweisen kann.

Die so bestimmte Forschung machte Entdeckungen, und in atemberaubendem Tempo immer neue Entdeckungen, die nun nicht mehr mit dem zusammenstimmten, was man jahrhundertelang für wahr

gehalten, sich vorgestellt und rekonstruiert hatte. So mußte man immer neue Weltbilder schaffen, der Fortschritt der Wissenschaft zwang zu immer neuen Vorstellungen, die die alten ablösten und offenbar als falsch erscheinen ließen.
Die wichtigste Wandlung im Weltverständnis war der Übergang von dem in sich – kugelförmig – geschlossenen Kosmos der antiken und mittelalterlichen Welt zum offenen, ins Unendliche weisenden Universum der Neuzeit. Dieser Wechsel ist vor allem mit den Namen von Nicolaus Copernicus, Thomas Digges und Giordano Bruno verbunden. Copernicus rückte die Sonne in das Zentrum des Kosmos. Dieser entsprach noch unserem Sonnensystem, vorgestellt als eine Kugel, deren Oberfläche die Sphäre der Fixsterne darstellte und innerhalb deren die Wandelsterne, die Planeten, um ihren Mittelpunkt kreisten. Für Thomas Digges war die Welt der Fixsterne schon kein Kugelmantel mehr: Sie dehnte sich aus ins Unendliche, um den in den Himmel gelangten Seelen der Menschen Raum und Licht gewähren zu können. Bei Bruno waren das dann unendlich viele eigene Welten, unserer Welt, unserem Sonnensystem also vergleichbar. War das so, mußte man damit rechnen, dann drohte der Mensch in dieser Unendlichkeit der Welten heimatlos zu werden. Er mußte sich auf sich selbst besinnen, sich seines Lebensraumes vergewissern, und in dem Vertrauen, daß das alles keine Täuschung war, seine Welt gestalten, mit den Mitteln und Methoden, die ihm zur Verfügung standen. Und das waren die Gesetze der Mathematik und der Physik, die Regeln der Mechanik. Descartes wurde der Vater der neuen Naturwissenschaft.
Diese folgte somit ihrer eigenen Gesetzlichkeit. Gott, wie ihn die Bibel bezeugt und wie ihn die Kirchenväter und die mittelalterlichen Theologen gedacht hatten, war hier kein Gegenstand des Kalküls. Man konnte innerhalb dieses Denkmodells nur noch an eine erste Ursache denken und an einen Uhrmacher vielleicht, der die Weltmaschine in Gang hielt. Die zeitgenössische Theologie auf der anderen Seite widmete sich vornehmlich ihrem eigenen Gegenstand: der Suche des Menschen nach Heil und ewigem Leben, und dort zeigte sich, daß sie sie anders vorgehen, anderes denken mußte als die Naturwissenschaft. Nicht Kausalzusammenhänge sind ihr Thema, sondern Gottes Wirklichkeit, seine Gegenwart in der Welt, das, was Christus für die Menschheit getan hat.
Solange Natur als Einheit in einem geschlossenen Kosmos und so als Schöpfung gedacht werden konnte, konnte Naturkunde als Theologie betrieben werden. Die Offenheit des Wissens in einem unendlichen Universum zwingt zur Spezialisierung: Je mehr sich das Feld der Erkenntnisgegenstände ausweitet, desto mehr muß be-

dacht werden, wie jede Wissenschaft bei ihrer Sache bleiben kann und welchen Methoden sie dabei sinnvollerweise folgt.
So gehen Naturwissenschaft und Theologie in der Neuzeit jeweils ihre eigenen Wege. Die eine erforscht die Natur, die andere fragt nach dem Inhalt und der individuellen, existentielle Zukunft menschlichen Lebens. Dabei entfremdeten sie sich einander, entwickelten ihre eigenen Sprachen, mit der Gefahr und leider oft auch dem Ergebnis, daß sie sich nicht mehr verstehen. Wer in naturwissenschaftlichen Kategorien denkt, kann mit den Begriffen, die Theologie gebraucht, wenig oder nichts anfangen. Umgekehrt fällt es Theologen schwer, den Fachsprachen der Naturwissenschaft zu folgen. Übersetzungen herüber und hinüber sind gefragt. Doch oft werden daraus nur Popularisierungen, die zum wirklichen gegenseitigem Verstehen nicht ausreichen.
Wenn man nun fragt, was Naturwissenschaft und was Theologie leisten können, was ihre Möglichkeiten sind und wo ihre Grenzen liegen, so zeigen sich einerseits wohl charakteristische Unterschiede, aber auch offensichtliche Gemeinsamkeiten andererseits. Sie sollen im Folgenden zunächst je für sich und dann gemeinsam ein Stück weit diskutiert werden. Dabei wird auch deutlich werden, welches Bild von Natur sich jeweils einstellt und wo die Grenzen des Naturbegriffs liegen.

Naturwissenschaft

1. Der Gegenstand der Naturwissenschaft ist die Natur. Ihr Zusammenhang wird erforscht. Der Mensch stellt sich die Natur gewissermaßen gegenüber und befragt sie. Gefragt wird nach Ursachen und Wirkungen. Dabei werden Gesetzmäßigkeiten entdeckt und als Naturgesetze beschrieben. Da der Mensch selbst der Natur zugehört, werden die Methoden der Naturerkenntnis legitimerweise auch auf ihn selbst angewandt. Er ist selbst Gegenstand der Forschung.
2. Die Rede von »Gott« ist in diesem Zusammenhang problematisch: »Gott« kommt in der Naturwissenschaft nicht vor. Wenn doch – in meist populären Thesen – von »Gott« die Rede ist, dann ist in der Regel die Funktion einer ersten Ursache, einer prima causa gemeint. Wenn gesagt worden ist, Stephen Hawking hätte mit seiner »Kurzen Geschichte der Zeit« ein »Buch über Gott« geschrieben, dann ist ein solcher, zugegebenermaßen höchst komplexer Kausalbegriff gemeint, ein abstrakter, personifizierter ursprünglicher Plan als ein der Entwicklung des Alls zugrundelie-

gendes Projekt. Die Kausalanalyse als naturwissenschaftliche Methode führt zum Problem des Regressus ad infinitum: Sie fragt immer weiter ins Unendliche hinein. Als endliche Denkbemühung muß sie zumindest metaphorisch einen »Anfang« setzen. Dessen Chiffre ist die Rede von einer solchen ersten Ursache, »Gott«.
Ein solcher Gottesbegriff kann nur noch abstrakt gedacht werden. Namentlich unter den Bedingungen der gegenwärtigen Kosmologie mit einem Alter des Universums von 15 Milliarden Jahren (mit theoretischen Abweichungen von z.B. 5 Milliarden Jahren) und der entsprechenden Ausdehnung ist ein Eingreifen eines analog zu menschlichen Personen vorgestellten persönlichen Gottes undenkbar. Damit wird auch die Vorstellung eines Gottes, der Liebe ist, schwierig.

3. Zu solchen Schwierigkeiten hinzu kommen Überlegungen zum Geschehen in der empirisch erfahrenen Welt. Das Universum hat kein Ohr für die Gefühle der Menschen. Auf der Erde gibt es eine Fülle von Schmerz und Leid. Die Evolution des Lebendigen beruht geradezu darauf: ohne Nahrungskette kein Überleben, ohne Selektion kein Fortschritt. Mit dem Gedanken einer gütigen Vorsehung läßt sich das schwer vereinbaren. Die Theodizeefrage bleibt ein ständiges Problem jeglicher abstrakten Rede von »Gott«.

4. Unter diesen Umständen fällt es schwer, von »Schöpfung« zu sprechen. »Schöpfung« ist ein inhaltlich gefüllter Begriff. In einer abstrakten Kausalanalyse hat er keinen Platz. Mythologische Rede gehört einer anderen Wirklichkeitserfahrung an. Die biblischen Schöpfungsgeschichten sprechen eine andere Sprache als die der Naturwissenschaft. Wenn sie eine Welterklärung bieten sollen, sind sie überholt und falsch. Ohne religiöses Interesse sind sie unverständlich.

5. Auch die Rede von einem »Ewigen Leben« nach dem individuellen Tod ist innerhalb und unter den Bedingungen des modernen Weltbildes unverständlich. Sie regt bestenfalls zu optimistischen oder pessimistischen Spekulationen an, die durch keine Fakten gedeckt sind, die Beweischarakter beanspruchen können. Ist es zudem wirklich ein »Trost«, wie man bei führenden Astrophysikern lesen kann, daß die Menschheit in mehr als einer Milliarde Jahren, wenn das Planetensystem unserer Sonne unbewohnbar geworden sein wird, auf andere Sonnensysteme oder gar Galaxien ausgewichen sein könnte, oder daß an anderen Orten des Universums ähnliche Evolutionen zu intelligenten Lebewesen wie auf unserer Erde möglich sind?

6. Freilich gibt es andere Wirklichkeitserfahrungen und andere Sprachen als die der Naturwissenschaft. Dies führt zur Rückfrage

an die Methode und den möglichen Erkenntnisgewinn von Naturwissenschaft und Philosophie überhaupt. Naturwissenschaft muß sich definieren gegenüber anderen Wissenschaften. Bestimmt werden müssen die Reichweite und die Art und Weise ihrer Erkenntnisleistung. Von Naturwissenschaftlern wird immer wieder betont, daß sie über ihrer Arbeit bescheiden geworden sind. Solche sachlich begründete Bescheidung kann allerdings kein Freibrief sein für weltanschauliche oder gar theologische Spekulationen jenseits der exakten Erkenntnis. Diese bedurften zumindest ihrer eigenen Begründung, die mit naturwissenschaftlichen Mitteln nicht geleistet werden kann.

7. Ein weiteres Problem ist die notwendige Abschätzung von Folgewirkungen naturwissenschaftlicher Forschung und ihrer Anwendung. Wenn auf Grund der fortschreitenden Spezialisierung in Einzelwissenschaften mit ihren je eigenen Perspektiven Fortgang und Anwendung von Naturwissenschaft in Krisen führen kann wie Umweltzerstörung, den Gefahren der Atomtechnik oder noch nicht abzuschätzenden Folgen der Veränderung von Genomen, ist »Ethik« erforderlich. Wie kann sie begründet werden? Naturwissenschaftliche Daten reichen dafür nicht aus, so sehr sie vorausgesetzt werden müssen.

Der Rekurs auf bestimmte philosophische oder theologische Letztbegründungsinstanzen der Ethik ist in unserer pluralen Gesellschaft nicht mehr allgemein konsensfähig. Die Deklaration der Menschenrechte und die Forderung, sie einzuhalten, ist der Versuch, trotzdem zu einer weltweit gemeinsamen Basis ethischer Orientierung zu kommen. Aber auch hier gehen ihre möglichen Begründungen weit auseinander, und ihre Anwendung ist, zumal im Bereich der Lebensethik, vielfach umstritten, beispielsweise im Blick auf die Forschung an Embryonen und die Herstellung von Embryonen zum Zwecke der Forschung. Kann die Theologie hier weiterführen?

Theologie

1. In der Theologie kommen die Natur und der Mensch in anderer Weise in den Blick als in der Naturwissenschaft. Nicht der Naturzusammenhang als solcher ist das Thema, sondern seine Einschätzung, seine Bedeutung, der Umgang mit ihm. Christliche Theologie reflektiert den christlichen Glauben und sein Verständnis der Welt als Schöpfung. Sie fragt nach dem Schöpfer, nicht nach Ursachen. Und sie fragt nach der lebendigen Beziehung des Schöpfers zum Menschen in seiner Welt, in der Natur und zur Natur selbst.

2. Folgen wir den angeschnittenen Fragen in der gleichen Abfolge, so ist zunächst festzuhalten: Auch für die Theologie ist die Rede von »Gott« durchaus ein Problem. Die Wirklichkeit Gottes und die mögliche menschliche Rede von Gott sind zweierlei. Es gibt auch Mißbrauch des Namens Gottes.

Wenn die Theologie von Gott spricht, bezieht sie sich auf religiöse und existentielle Erfahrungen. Solche Erfahrungen können nicht verallgemeinert, objektiviert werden. Sie sind jeglicher Verfügbarkeit und kontrollierten Wiederholbarkeit entzogen. Christliche Theologen knüpfen dabei an die Erfahrungstradition der Bibel an und an die im Laufe der Kirchengeschichte wiederum damit gemachten Erfahrungen. Wenn hier von Gott die Rede ist, geht es um den Grund dieser Erfahrungsgeschichte. Dazu gehört das Gebet, der Gottesdienst. Rede von Gott kann hier nur konkret gefaßt werden: Sie ist primär Zeugnis, ihr entspricht die Erzählung, der Bericht, der Lobpreis, Poesie. Angesprochen ist dabei die aktuelle, irdische Lebenswirklichkeit – oder nicht, wenn Gott verborgen bleibt. Gott steht auch der Theologie nicht zur Verfügung.

3. Zur Unverfügbarkeit und Verborgenheit Gottes gehört, daß reale Gotteserfahrung nicht den menschlichen Idealen und Vorstellungen von göttlicher oder guter menschlicher Eistenz entspricht. Gott begegnet, und solche Begegnungen haben den Charakter von Widerfahrnissen. Gottes Geist weht, wo er will. Dem kann nur nach-, nicht vorausgedacht werden. Theologie ist immer sekundär, Nach-Denken über Gott. Gott »selbst« denken zu wollen, ist problematisch. So sind auch christlicher Glaube und Theologie zu unterscheiden: Theologie ist als Nach-Denken über Gott zugleich Nach-Denken über den Glauben. Beides kann unseren Erwartungen und beispielsweise auch unseren Vorstellungen von Gerechtigkeit direkt widersprechen. Die Theodizee ist kein theologisches Thema. Theologie hat hier ihrerseits ihre Grenze.

4. Wenn theologisch von »Schöpfung« gesprochen wird, so ist dabei nicht an eine abstrakte göttliche Ursächlichkeit zu denken. Gott ist keine »Sache«, auch keine Ursache. Vielmehr ist dann von der Nähe Gottes die Rede, wie sie die Erfahrung des Glaubens, gerade auch gegen den Augenschein, ausmacht. Ein zentraler, grundlegender Aspekt ist hier der Zuspruch göttlicher Zuwendung und Liebe, etwa im Wort der Vergebung. Vergebung im elementaren Sinn der christlichen Tradition meint Gottes Ja zum Menschen und seiner Welt. Das hat den Charakter göttlicher Neuschöpfung. Sie ermächtigt zu einer existentiellen Bejahung dessen, was der Fall ist. Eine solche Erfahrung kommt einer Erneuerung des Lebens gleich. Das ist grundlegend mit »Schöpfung« gemeint, und von hier aus kann

bedacht werden, was dieses Wort dann im Blick auf die Welt, die menschliche Kulturentwicklung, die Evolution des Lebens auf der Erde und das alles in der Geschichte des Universums bedeutet.

5. Bejaht werden kann unter dieser Vorgabe von »Schöpfung« auch, daß Leben endlich ist und daß Menschen sterben müssen. Das schließt die Hoffnung ein, daß Gottes Liebe auch jenseits des Todes schöpferisch »tätig« bleibt. Das kann in der Geschichte der christlichen Kultur in den unterschiedlichsten Bildern symbolisiert werden und ist weiterhin auf solche Symbolisierungen angewiesen.

6. Die elementare Erfahrung des christlichen Glaubens im Kontext des individuellen Lebens und im Leben der Gemeinschaft der christlichen Gemeinde führt auch zur Rückfrage an diskursive Denkwege der Theologie, ob sie die Erkenntnis schöpferischer Gotteswirklichkeit zu erhellen vermögen oder solche Erfahrungen eher verstellen. Die Methodenfrage stellt sich in gleicher Schärfe der Theologie wie der Naturwissenschaft.

7. Biblische Erzählungen und Worte beziehen sich auf die Grundeinstellung zum Leben, auf seine Bejahung oder Verneinung. Sie bieten keine für alle Zeiten gleich gültigen Handlungsanweisungen oder ethischen Grundsätze. So muß es auch der theologischen Ethik zuerst um die Grundhaltung und Grundmotivation gehen, aus der heraus alles Handeln erst erwächst. Zu bedenken ist die Liebe, die der göttlichen Liebe zur Schöpfung entspricht. Auf diesem Grunde sind dann Regeln und Normen zu entwickeln, die der Lebensführung und Handlungsorientierung dienen. Ihr Ziel wird sein, Leben zu fördern, zu seiner Entfaltung und gültigen individuellen Erfüllung Hilfestellung zu leisten und dabei auch den Gegebenheiten und dem Leben der Natur gerecht zu werden. Leben ist ein vieldimensionaler Prozeß; der Rekurs auf eine »Schöpfungsethik«, die jeder Veränderung als solcher prinzipiell kritisch gegenübersteht, ist in der Gefahr, seinerseits Idealbildern einer »ursprünglichen« Welt zu folgen, die der Realität nicht entsprechen.

Dialog

1. Die Natur unter Einschluß des Menschen ist Gegenstand sowohl von Naturwissenschaft wie von Theologie. Sofern sie christlich verstanden wird als Schöpfung, ist dieses Verständnis speziell Thema in der Theologie. Die Naturwissenschaft versucht, einen rationalen Erklärungszusammenhang zu konstruieren, der gegebenenfalls nutzbar gemacht werden kann. Das Schöpfungsverständnis wird sich auf den Umgang mit der Natur und die Art und Weise einer Nutzung auswirken.

2. Der Gegenstand ist für beide Wissenschaften vorgegeben und insofern grundsätzlich ihrer Verfügungsgewalt entzogen. Erst recht gilt das für die Klärung seines Ursprungs. Die Wirklichkeit Gottes steht der Naturwissenschaft ebensowenig zur Verfügung wie der Theologie. Während sich jedoch die Naturwissenschaft bei allem Engagement von ihrem Gegenstand distanzieren und abstrahieren kann und muß und ihre Erkenntnis die Veränderung der Natur einschließt, ist die Rede von der Schöpfung und ihrem Schöpfer abstrakt ohne innere Beteiligung oder dem Bezug auf sie nicht möglich. Bloß intellektuelle und wissenschaftliche Diskussionen über die Existenz und mögliche Mächtigkeiten Gottes sind fruchtlos.

Von einer hypothetischen ersten Ursache auszugehen, kann wissenschaftlich, philosophisch und für den alltäglichen Sprachgebrauch sinnvoll sein. Die Wirklichkeit des Gottes der Liebe kann damit nicht gemeint sein. Von ihr muß anders gesprochen werden. Ihr und ihrem Erlebnischarakter entspricht das Erzählen und der Lobpreis. Daher kann sich theologische Begrifflichkeit nicht primär an der Naturwissenschaft orientieren. Die Theologie wird aber eine Sprache suchen, die naturwissenschaftliche Erkenntnisse aufnimmt, berücksichtigt oder zumindest nicht von vornherein ausschließt. Umgekehrt wird innerhalb naturwissenschaftlicher Begrifflichkeit nicht von dem Gott der religiösen Erfahrung die Rede sein. Die Naturwissenschaft wird aber anerkennen, daß es Wirklichkeitsaspekte gibt, die mit ihren Methoden nicht erfaßt werden können.

Auf diesem Hintergrund kann naturwissenschaftliche Erkenntnis als solche durchaus zum religiös gestimmten persönlichen Erlebnis werden. Als Schöpfungserkenntnis kann Naturwissenschaft zu Dank und Lobpreis des Schöpfers führen. Gegenüber der Natur und den Möglichkeiten, mit ihr umzugehen, kann so eine Haltung der Ehrfurcht entstehen. Der Wille, die Natur und die ihr eigene Kreativität zu achten und zu erhalten, folgen daraus. Naturzerstörung kann nicht mehr bedenkenlos erfolgen.

3. Da sich keine Wissenschaft ihre Ergebnisse aussuchen kann und auch die Theologie respektieren muß, was ihr vorgegeben ist, hat es keinen Sinn, sowohl über Naturphänomene als über Schicksalserfahrungen zu räsonnieren. Die Suche nach Gründen gehört zur Vernunftnatur des Menschen und die Abwendung von Not und Unglück zu seinen sozialen Aufgaben. Doch Unerklärliches und Unabänderliches, das menschliche Möglichkeiten übersteigt und zur Natur der Schöpfung und ihrer Geschichte gehört, muß akzeptiert werden.

4. Theologisch gesehen darf auch das Unerklärliche und Unabänderliche angenommen werden als Herausforderung, das Leben unter den gegebenen Bedingungen neu zu gestalten. Menschliche Schuld kann nicht ungeschehen gemacht werden. Sie darf aber vergeben werden. Das kann einen schöpferischen Impuls bedeuten sowohl zu weitergehender Naturerkenntnis als auch zu sozialem Engagement für das menschliche Zusammenleben in der Natur. Die Entfaltung der Möglichkeiten individuellen Zusammenlebens und lebensdienliche Naturgestaltung bedingen einander und erfordern das Zusammengehen von Natur- und Geisteswissenschaften einschließlich der Theologie. In diesem Zusammengehen kann deutlich werden, was es heißt, Natur als Gottes Schöpfung zu verstehen und zu ehren.
5. Dennoch stellt sich gewissermaßen von Natur aus die Sorge um die Zukunft des Lebens und im Blick auf die Vergangenheit die Sinnfrage ein. Im religiösen Kontext nimmt das der Gerichtsgedanke auf. Lebenserwartungen über den irdischen Tod hinaus können nur in der Wahrnehmung und Weitergabe religiöser Glaubenserfahrungen begründet werden. An solchen Erfahrungen, ihrer Überlieferung, Vergegenwärtigung und Verheißung sollen sowohl Naturwissenschaftler als auch Theologen wie alle Menschen teilhaben.
6. Die Naturwissenschaft folgt dem Paradigma der effizienten Kausalanalyse. Darin liegen ihre Grenzen ebenso wie ihre kreativen Spielräume. Die Theologie hat die Aufgabe, die Wirklichkeit christlicher Lebensorientierung reflektierend zur Sprache zu bringen. Dazu bedarf sie anderer Sprachspiele, die sie ihrerseits schöpferisch entdecken und entwickeln muß. Um des guten Fortgangs des Lebens willen sind aber beide Wissenschaften geradezu exemplarisch aufeinander angewiesen.

In dieser Situation sind neue Begegnungen notwendig. Man muß sich neu aufeinander einlassen. Bloße Sympathieerklärungen und allgemeine Konversation genügen nicht. Man muß miteinander sprechen, die Probleme beim Namen nennen und sich damit auseinandersetzen. Um sich verständlich zu machen, muß man Begriffe und Bilder der anderen Seite aufnehmen können. Das aber gelingt nur, wenn man sich über Gegenstände und Verfahrensweisen der jeweiligen Wissenschaft im klaren ist, Methoden und ihre Reichweite einschätzen, Anwendungsbereiche unterscheiden, dabei aber auch gemeinsame Bedingtheiten, ja auch vergleichbare Strukturen erkennen und nutzen kann.

Die Theologie kann sich verständlich machen, wenn sie Fakten, Vorgänge, Bilder der Natur aufnimmt in ihre Sprache, als Beispiel, Vergleich, Metapher oder Gleichnis. Dazu braucht sie die Naturwissenschaft, um nicht Gedanken und Vorstellungen von vorgestern zu folgen. Der Naturwissenschaftler braucht den Theologen, um sich in seinen Gedankengängen seinerseits nicht zu verfangen, sein Wissen und seine Forschungsergebnisse nicht zum allein Denkbaren, zur Ideologie verkommen zu lassen: Die Wirklichkeit ist weiter, offener, als wir in unseren wissenschaftlichen Bemühungen feststellen können.

7. Wohin Einseitigkeiten auf der einen und der anderen Seite führen, lehrt uns die gegenwärtige Akzeptanzkrise der Wissenschaft. Sie hat ihre Gründe: Ausschließliche Orientierung an der Naturwissenschaft in Landwirtschaft, Industrie, Medizin und anderen Gebieten hat zu Naturzerstörung, Umweltschäden, neuen Gesundheitsschäden geführt. Ethik ist gefragt: ökologische Ethik, Wirtschaftsethik, medizinische Ethik. »Bioethik« ist das Schlagwort. Hier gibt es Erwartungen an die Theologie, weil Theologie etwas anderes und Eigenes zu sagen hat gegenüber der bloßen Naturwissenschaft. Diese kann auch ethische Fragen von sich aus nicht beantworten. Die Theologie aber wird nur dann sachgemäße und nützliche Antworten erarbeiten, wenn sie die Probleme und ihren Werdegang kennt, wenn sie also ihrerseits die Naturwissenschaft und ihre Ergebnisse wahrnimmt. So kann das ethische Gespräch, das nach menschen- und naturgemäßen Handlungsstrategien fragt, nur ein interdisziplinäres, gemeinsames Gespräch sein. Nur so wird man zu tragfähigen Ergebnissen kommen.

Um die Frage zu beantworten, was zu tun ist, müssen Theologie und Naturwissenschaft zusammenarbeiten. Im Gespräch miteinander kann geklärt werden, was möglich ist und was dem Leben in seiner individuellen und kollektiven Ganzheit dient und was nicht.

Die Philosophie wird bei alledem der dritte Gesprächspartner sein. Der Philosoph hat darüber zu wachen, daß die Logik stimmt, aber nicht nur das: Er wird zur Klärung darüber beitragen, in welchen geistigen Traditionen sich das Gespräch bewegt, welche Kurzschlüsse und Abwege sich da auftun, und er wird Anregungen geben, wie man zu neuen, kreativen Lösungswegen gelangen kann. Natürlich gehören alle anderen Wissenschaften ihrerseits mit dazu, zumal die Sozialwissenschaften, aber auch die, die sich mit ästhetischen Phänomenen und künstlerischer Gestaltung befassen. Diese bedienen sich ihrerseits freilich weithin der gleichen Methoden wie die Naturwissenschaften einerseits und zum Teil die Theologie andererseits.

In ihrer persönlichen und zugleich gemeinschaftsbezogenen Grundeinstellung zum Leben müssen Naturwissenschaftler und Theologen gewissenhafte Entscheidungen treffen. Gemeinsam kann nach

Wegen gesucht werden, nicht nur das irdische Überleben zu sichern, sondern unter den jeweils gegebenen Lebensbedingungen ein Leben zu gestalten, dem Erfüllung und Gültigkeit verheißen ist auch über sein irdisches Ende hinaus.

13.
Hans-Jürgen Fischbeck
Leben – Wahrheit – Wissenschaft
Plädoyer für eine zweite Aufklärung

1. Erklären und Verstehen: Das Leben als Kommunikationsphänomen

Was unterscheidet Lebewesen von den Dingen der unbelebten Natur? Diese Frage ist so alt wie die Wissenschaft vom Leben. Die Erscheinungen des Lebens sind so verschieden von dem, was in der unbelebten Welt zu beobachten ist, daß man lange Zeit glaubte, diese seien nur durch eine besondere, gleichsam »übernatürliche« Kraft – vis vitalis genannt – oder ein eigenes zielstrebiges Prinzip – Entelechie genannt – zu erklären. Nur so, meinte man, könne man der eigentümlichen Ziel- und Zweckbestimmtheit im Bereich des Lebendigen gerecht werden.
Aber mit einer *Erklärung* durch Unerklärliches ist nichts gewonnen. Will man das Leben naturwissenschaftlich – und das nennt man auch ›natürlich‹ – erklären, dann haben diese beiden Begriffe dabei nichts zu suchen. Man ist auch ohne sie sehr weit gekommen. Vieles, was unerklärlich schien, ist heute erklärt. Die wichtigsten Meilensteine sind Darwins Hauptwerk »Über den Ursprung der Arten durch natürliche Zuchtwahl« (1883) und die Entschlüsselung des genetischen Codes durch Watson und Crick (1962). Darwins Prinzipien und die molekularbiologischen Erkenntnisse wurden in der Synthetischen Evolutionstheorie vereint. Erfolgversprechende Ansätze wurden gemacht zur naturwissenschaftlichen Erklärung der Entstehung des Lebens (Eigen 1971). Nirgendwo im Bereich des Lebendigen hat man etwas anderes gefunden als die Gültigkeit der Gesetze der Physik und Chemie. Was liegt näher, als daraus die Überzeugung abzuleiten, daß es möglich sein müßte, auf diese Weise, d.h. mit den Methoden der Naturwissenschaften, das Leben *vollständig* zu erklären. Diese Haltung nennt man (methodischen) Reduktionismus[1], weil sie meint, das Leben allein auf das Wirken physikalisch-chemischer Gesetze zurückführen (reduzieren) und somit vollständig *erklären* zu können.

1 B.O. Küppers: Der Ursprung biologischer Information, München 1990, S. 195.

Aus dieser Sicht ist das Leben durch drei Merkmale gekennzeichnet, nämlich
– Stoffwechsel,
– Fortpflanzung,
– Variabilität der Vererbung.
Alle drei gelten als prinzipiell naturwissenschaftlich erklärt. Eine prinzipielle oder *kategoriale* Verschiedenheit zwischen belebter und unbelebter Natur kann es nach dieser Auffassung nicht geben, denn sonst müßte es ja doch außerhalb der Naturwissenschaft liegende Faktoren geben, die zum Verständnis des Lebens herangezogen werden müßten.
Bei voller Anerkenntnis der Tatsache, daß die Gesetze der Physik und Chemie im Bereich des Lebendigen uneingeschränkt gültig sind und damit eine in *diesem* Sinne ›vollständige‹ naturwissenschaftliche Erklärung des Lebensphänomens möglich ist, möchte ich der Haltung des Reduktionismus *widersprechen*. Die physikalisch-chemischen Gesetzmäßigkeiten lassen nämlich einen breiten Spielraum dafür, daß in »lebenden Systemen« doch noch etwas anderes hinzutritt, so daß sich Lebewesen von toten Dingen *kategorial* unterscheiden. Dieses andere ist *Information*. Information, wie Norbert Wiener sie versteht, ist in der Tat etwas prinzipiell Neues, denn er stellt fest:

»Information ist information, not matter or energy.«

Materie und Energie – und nur sie allein – aber sind Gegenstand von Physik und Chemie. Natürlich weiß auch Norbert Wiener, daß Information der *Kodierung* in materiellen Strukturen bedarf und somit eine Doppelstruktur aus Syntax – damit ist die kodierende Struktur gemeint – und Semantik – das ist deren Bedeutung – hat. Die Bedeutung aber ist es, die Information zu Information macht und in der Tat nicht Gegenstand von Physik und Chemie ist.
Information ist konstitutiv eine Botschaft *zwischen* Sender und Empfänger. Ihre Bedeutung muß von beiden *verstanden* werden. Somit ist Leben eben nicht nur ein physiko-chemisches, sondern wesentlich auch ein *Kommunikationsphänomen,* wesentlich deshalb, weil Kommunikation das *Wesen* des Lebens ist und »biologische Systeme« zu Lebe-Wesen macht, wie unsere Sprache immer schon weiß.
Deshalb reicht es nicht aus, das Leben nur reduktionistisch physikalisch-chemisch zu *erklären.* Man muß es auch *verstehen* durch Teilnahme an der Kommunikation des Lebens. Auch wissenschaftliche Forschung ist als Lebensäußerung Teilnahme am Leben. Wenn es um die Erforschung des Lebens geht, erforscht aber der Mensch als Lebewesen auch sich selbst. Forschung wird selbstbe-

züglich. Die (scheinbar) kommunikationslose cartesianische Beobachterperspektive des naturwissenschaftlichen *Erklärens* ist unzureichend. Zum Erklären muß das *Verstehen* hinzukommen. Es macht einen erheblichen ethischen Unterschied, ob man das Leben objektivistisch und reduktionistisch lediglich als ein biochemisch-neuroelektrisches Phänomen *erklärt*, das sich nur graduell, aber nicht prinzipiell von unbelebter Natur unterscheidet, oder ob man es konstitutiv als ein Kommunikationsphänomen *versteht.*

Es besteht Einigkeit darüber, daß Leben ein Phänomen der Selbstorganisation dissipativer Systeme ist. Dissipative Systeme sind solche, die ihren Ordnungszustand fernab vom thermodynamischen Gleichgewicht durch einen ständigen Zustrom geordneter, arbeitsfähiger, sog. freier Energie aufrechterhalten für den Preis, diese dabei zu zerstreuen (dissipieren), d.h. in ungeordnete (Wärme-)Energie zu verwandeln und Entropie zu produzieren, die exportiert werden muß. Selbstorganisation allein aber bedeutet noch kein Leben. Lebendige Selbstorganisation unterscheidet sich, wie schon gesagt, von toter eben dadurch, daß sie durch den Austausch von Informationen geschieht, während dies sonst durch *bloße* physikalische Wechselwirkungen vonstatten geht. Beim Informationsaustausch hingegen spielen physikalische Wechselwirkungen nur noch die Rolle des Vehikels.

Informationen, wie ich sie verstehe, kommen *nur* in Lebenszusammenhängen vor. Sie stellen diese geradezu her. Strukturierte Materie allein ist noch keine Information. Ihr fehlt die Bedeutung. Hier fangen die Meinungsverschiedenheiten an. Die Verfechter des Reduktionismus wissen natürlich auch, daß die Lebensvorgänge und -zusammenhänge informationell organisiert sind, aber sie halten den semantischen Aspekt der Information (der eigentlich ihr Wesen ist) für sekundär und reduzibel. Die einen sagen, die materiellen Strukturen (z.B. Biomoleküle) als solche trügen keine ›Bedeutung‹, diese würde ihnen von äußeren Beobachtern erst beigelegt. Die anderen sagen, die ›Bedeutung‹ einer Information bestünde in ihrer kausalen Wirkung. Sie identifizieren damit den semantischen Aspekt der Information mit dem sog. pragmatischen und sehen den Informationsaustausch folglich ›nur‹ als eine besonders raffinierte und komplexe Form physikalischer Wechselwirkung an, wie es auch Versuche gibt, jede physikalische Wechselwirkung als »Informations«-Austausch zu beschreiben.[2] Für den reduktionistischen Monismus ist Information also ›nur‹ ein nützlicher, im Grun-

2 K. Haefner, Informationsverarbeitung als universelles Paradigma, in: Idee und Information, Begegnungen 6/92, Ev. Akademie Mülheim.

de aber entbehrlicher Hilfsbegriff, keinesfalls aber etwas kategorial anderes, wie Norbert Wiener behauptet.

Wo sollen die ›Bedeutungen‹ von Informationen auch herkommen? Fallen sie vom Himmel? Sind sie nicht doch ›nur‹ Interpretamente äußerer Beobachter? Dagegen ist zu sagen, daß sich die Bedeutungen von Informationen auch schon auf der molekularen Ebene daraus ergeben, daß sich die informationell organisierten Funktionszusammenhänge zu Kreisläufen schließen derart, daß sie sinnvoll »aufgehen« und damit *Ganzheiten* konstituieren.

Die Bedeutungen der »Worte« einer solchen Kommunikations-»Sprache« definieren sich also gegenseitig, wie es bei den Begriffen menschlicher Sprachen auch ist, deren Grammatiken strukturell keineswegs beliebig sind. Auch die »Grammatik« der Verknüpfung molekularer »Worte« ist offenbar nicht beliebig, wie Walter Fontana gezeigt hat.[3] Deren »Sinn« aber ergibt sich daraus, daß sich die von ihnen vermittelten Funktionszusammenhänge autopoietisch zu Sinn-Gebilden schließen. Auch die sind nicht willkürlich und nicht beliebig, selbst wenn es viele solcher Strukturen als abstrakte Möglichkeit *ideell* geben mag. Das Leben hat bei seiner Evolution etliche davon »entdeckt«, indem es sie *materiell* realisierte. Es wählte unter ihnen aus und vervollkommnete sie. Die Entstehung des Lebens auf der Erde ist nach dem Gesagten gleichbedeutend mit der Entstehung von Information. Sie ist zu sehen als die Urentdeckung einer abstrakten, d.h. *ideell* »vorhandenen« Möglichkeit der Kooperation von mutablen Gedächtniselementen mit Funktionselementen, die einander autopoietisch zur gegenseitigen Vermehrung bedienen. Das geschah dadurch, daß Nukleinsäure- und Eiweißmoleküle dieses *materiell* realisierten. Natürlich konnte sich unter den (ideell) denkbaren Kommunikationsstrukturen nur eine im Rahmen der Kohlenstoffchemie der frühen Erde mögliche realisieren. Der genetische Code hingegen scheint bereits gewisse kontingente Merkmale aufzuweisen, die auch anders hätten sein können.

Im Leben kommt es also zur Begegnung einer ideellen Welt abstrakter Strukturen mit der materiellen Welt. Die Schnittstelle ist die Information mit ihrer ideell-materiellen Doppelstruktur aus Semantik und Syntax. Die Bedeutungen von Informationen gehören der ideellen, die kodierenden Strukturen der materiellen Welt an. Dabei sind die ideelle und die materielle Welt in etwa so zu

3 W. Fontana, Molekulare Semantik – Evolution zwischen Variation und Konstruktion, in: V. Braitenbert / I. Hosp (Hg.), Evolution – Entwicklung und Organisation in der Natur, Reinbek 1994.

verstehen, wie Popper und Eccles sie als Welt III bzw. Welt I beschreiben.[4] Eine überzeugende Darstellung dieser Welten aus mathematischer und physikalischer Sicht ist unlängst von Roger Penrose[5] gegeben worden. Davon zu reden bedeutet nicht, die dualistische Ontologie von Popper und Eccles zu übernehmen, denn Informationen stellen auch auf der Bedeutungsebene keine Seins-Entitäten, sondern Beziehungsgrößen dar.

Entscheidend ist nun, in welchem Verhältnis die beiden Aspekte der Information, Struktur und Bedeutung also, zueinander stehen. Käme es allein auf die kodierenden materiellen Strukturen an, wie die Reduktionisten behaupten, dann wären die Bedeutungen in der Tat nur Begleiterscheinungen und ›nichts als‹ entbehrliche Interpretamente äußerer Beobachter. Schon die Aussage, daß diese Strukturen überhaupt irgend etwas kodieren, hätte keine objektive Bedeutung.

Dagegen möchte ich die These stellen, daß es im Wechselverhältnis von materieller Struktur und der von ihr kodierten ideellen Bedeutung sehr wesentlich auf die Bedeutungen ankommt, ja daß die informationelle Organisation der Lebensvorgänge geradezu bedeutungsgeleitet ist. Die Gegenthese von der primären (unabhängigen) Rolle der materiellen Prozesse hat ja ihren Grund in der Auffassung vom materiellen Determinismus und der lückenlosen kausalen Geschlossenheit der das Leben tragenden Prozesse. Diese Auffassung ist offenbar für viele Biologen unter dem Eindruck der Erfolge der Molekularbiologie zu einer nahezu unumstößlichen weltanschaulichen Gewißheit geworden. Dies ist erstaunlich, wo sie doch in der physikalischen Wissenschaft selbst im Bereich klassisch-physikalischer Vorgänge, in dem sie ursprünglich gründete, entscheidend erschüttert wurde. Durch die sog. Chaos-Theorie ist erwiesen, daß schon in unendlich viel primitiveren Systemen kleinste Ursachen größte Wirkungen haben können. Selbst »Ursachen«, die man streng genommen gar nicht mehr so nennen kann, weil sie aus dem thermischen Rauschen, ja aus Quantenfluktuationen kommen, können in den so viel komplexeren lebenden Systemen wirksam werden.

Die funktionale Stabilität und bleibende Identität von Lebewesen kann mit einem Determinismus der Elementarprozesse aufgrund physikalischer Wechselwirkungen allein angesichts der Ergebnisse der Chaos-Theorie nicht erklärt werden. Die physikalisch-chemischen Gesetzmäßigkeiten bieten nämlich einen breiten Rahmen, in

4 K. Popper / J.C. Eccles, The self and its brain, Heidelberg 1981.
5 R. Penrose, Schatten des Geistes, Heidelberg 1995.

dem unendlich viel Verschiedenes gleichwahrscheinlich und energetisch gleichberechtigt geschehen kann, so daß eigentlich sinnlos-chaotisches Verhalten erwartet werden muß. Wenn dennoch Sinnvolles geschieht, indem Leben erhalten, gesichert, entfaltet und erfüllt wird, dann ist das nur so zu verstehen, daß sich in der chaotischen Vielfalt gleichwahrscheinlicher Optionen so etwas wie *semantische Kohärenz,* Kohärenz auf der Bedeutungsebene also, verwirklicht. Im thermischen Chaos der Braunschen Bewegung und molekularen Stöße, der vielen bedeutungs-losen chemischen Hin- und Rückreaktionen nach dem Massenwirkungsgesetz – die freilich für die Einhaltung der richtigen Konzentrationen von Monomeren, Ionen etc. auch wichtig sind – wird das Leben getragen durch die bedeutungsvollen Prozesse, die sinnbestimmt und regelmäßig die autopoietischen Funktionskreisläufe schließen, so daß sie »aufgehen« wie die Lösungen mathematischer Gleichungen. Semantische Kohärenz heißt also, daß unter vielen bedeutungslosen Prozessen, die das Rauschen bilden, die bedeutungsgeleiteten das Leben tragen und verwirklichen. Diese Prozesse sind Informationsaustausch-, d.h. also Kommunikationsprozesse.
Ich möchte dies noch verdeutlichen mit einem Bild: Das Leben einer Zelle kann verglichen werden mit Musik. Die Instrumente des Orchesters sind die Organellen und funktionalen Strukturen der Zelle. Die Töne sind die Botschaften, getragen von RNS-Molekülen[6] und Enzymen. Die Partitur steht geschrieben in der DNS[6]. Das Zusammenspiel der Instrumente wird stabilisiert durch Tonart und Harmonie. Dirigiert wird es durch den Sinnzusammenhang der zellulären Selbstorganisation. Wie ein Orchester ist auch eine lebende Zelle ganz etwas anderes als eine Maschine. Die »Musik«, die sie spielt, ist ihr Sinn, der auf der semantischen Ebene des vielfältigen Informationsaustauschs gegeben ist. Weil diese »Musik« eine das ganze leitende und ordnende Bedeutung hat, so daß nicht nur »Krach« entsteht, ist sie eben nicht nur Interpretament äußerer Beobachter. Letzteres sagen diejenigen, deren methodischer Reduktionismus gewissermaßen darin besteht, daß sie sich die Ohren verstopfen, so daß sie die »Musik« weder hören noch verstehen. Sie würden, um im Bilde zu bleiben, Musik als ein zeitlich und räumlich strukturiertes Schallfeld ›erklären‹ und natürlich nichts dabei finden, dieses »Schallfeld« nach eigenem Be-

6 RNS und DNS sind Abkürzungen für Ribonukleinsäure und Desoxyribonukleinsäure. Das sind lange Kettenmoleküle, die die Erbinformation tragen (DNS) oder übertragen (RNS).

lieben zu verändern, indem man der »Partitur« einige transgene Takte hinzufügt.

Was ich hier im Blick auf intrazelluläre Prozesse der molekularen Kommunikation beschrieben habe, vollzieht sich bei vielzelligen Lebewesen auf drei einander umgreifenden Stufen lebendiger Kommunikation. Jede Zelle bildet als erste dieser Stufen ein in sich funktionell geschlossenes Informationssystem, eine autopoietische Ganzheit, die sich auch noch durch eine Membran von der Umgebung abgrenzt.

Nichtsdestoweniger kommunizieren die Zellen eines Organs untereinander durch chemische Botenstoffe. Die Organe werden koordiniert durch ein innersekretorisches Informationssystem und mehr oder weniger hierarchisch gesteuert durch ein elektrochemisch arbeitendes Nervensystem, dessen Informationen in Impulsmustern kodiert sind. Dieses verkoppelte Informationssystem, zu dem auch das Immunsystem gehört, konstituiert jedes Lebewesen für sich – ebenfalls durch eine Haut abgegrenzt – als autopoietische Ganzheit zweiter Ordnung.

Die dritte Ebene der Kommunikation ist die signalsprachliche zwischen den Individuen einer Art, die Schwärme, Rudel oder Herden als neue Ganzheiten bilden. Besonders eindrucksvoll sind die staatenbildenden Insekten. Sie sind nicht mehr materiell nach außen abgegrenzt, sondern nur noch funktionell durch die Gemeinsamkeit ihrer Kommunikation.

Die menschliche Gesellschaft wird konstituiert durch die Begriffssprache. Sie ist es, die den Menschen zu dem macht, was er ist, und seine Sonderstellung im Gesamtzusammenhang des Lebens bedingt. Sie ist von fundamentaler Bedeutung für den Durchbruch des Menschen von der Kognition der ökologischen Nische, wie sie von allen Arten auf ihre je eigene Weise geleistet wird, zur Erkenntnis der ganzen Wirklichkeit. Dieser Durchbruch kann evolutionstheoretisch nicht ›erklärt‹ werden, denn für die phänotypische Bewährung des menschlichen Genotyps im »Kampf ums Dasein« ist allein die Kognition der mesoskopischen Welt, die den Menschen umgibt, von Belang, aber nicht die Fähigkeit, in atomare und subatomare sowie in kosmologische Dimensionen vorzudringen. Hier habe die Evolution – so wird gesagt – »mehr geliefert als bestellt«. Es ist dies der Durchbruch der Kognition zur Erkenntnis mit Hilfe von mitteilbaren Ideen, die jene Platonische Welt III bilden, wie sie Popper und Eccles und jüngst auch Penrose beschreiben. In ihr etabliert sich nach gewissen Kriterien das, was Wahrheit im Zusammenspiel von ›Erklären‹ und ›Verstehen‹ genannt werden kann.

Begriffssprachliche Kommunikation ist nur denkbar als Kommunikation von Wesen, die sich ihrer selbst *bewußt* sind. Das Bewußtseinssphänomen ist vermutlich nicht auf den Menschen beschränkt. Höhere Tiere haben offenbar so etwas wie eine bewußte Wahrnehmung. Den Menschen zeichnet das aus, was man »reflektierendes Bewußtsein« nennt, das also weiß, daß es weiß. Reflektierendes Bewußtsein ist ohne Begriffssprache nicht möglich und umgekehrt, denn es ist ein Phänomen der Selbst-Kommunikation des Bewußtseins mit seinem *Gedächtnis,* was übrigens etwas völlig anderes als ein Datenspeicher ist.

Roger Penrose hat überzeugende Argumente dafür vorgetragen, daß das menschliche Bewußtsein offenbar in der Lage ist, mathematische Wahrheit zu erkennen, die nach Aussage des Gödelschen Theorems[7] nicht algorithmisch – also nicht durch Computer simulierbar – »errechnet« werden kann. Mathematische Wahrheit aber gehört zu den Grundgegebenheiten der Welt III, die dort außerhalb von Raum und Zeit »vorhanden« sind und (in Raum und Zeit) entdeckt werden können. Zu den wahrheitsbildenden relationalen Grundstrukturen der Welt III gehören die Logik die und von Chomsky[8] postulierte universelle Grammatik.

Bei der durch Selbst-Kommunikation gestifteten *personalen* Ganzheit des Menschen – das ist die Welt II nach Popper und Eccles[4] – wird das, was ich semantische Kohärenz genannt habe, zur unmittelbaren Selbsterfahrung jedes Menschen. Wenn nämlich Erregungsmuster des Neuronennetzwerks der Großhirnrinde die Bewußtseinsinhalte der semantischen Ebene kodieren, dann ist evident, daß deren Abfolge semantisch kohärent ist, denn sonst wäre sinnvolles und sinnbildendes Denken nicht möglich. Wie schon gesagt, hat Penrose gezeigt, daß semantische Kohärenz im Prinzip nicht algorithmisch ist. Das heißt natürlich nicht, daß sich das Bewußtsein in seiner semantisch kohärenten Tätigkeit nicht auch unbewußte neuronale Datenverarbeitungsmechanismen zunutze macht. Damit soll gesagt werden, was ich für die zelluläre Ebene bereits behauptet habe und was auf dieser Ebene eine Binsenweisheit ist, nämlich daß sowohl die interne Selbst-Kommunikation als auch die externe begriffssprachliche Kommunikation der Men-

7 Das Goedelsche Theorem besagt, daß eine widerspruchsfreie mathematische Theorie, die die Arithmetik umfaßt, nicht alle in ihr wahren Aussagen beweisen kann. Könnte sie es, müßten alle Sätze und Beweise formalisierbar sein.

8 Es hat den Anschein, daß semantische Kohärenz beim Träumen unvollständig oder gestört, zumindest aber deutlich verändert ist.

schen untereinander *ideell* bedeutungsgeleitet und nicht *materiell* strukturdeterminiert ist.

Es gehört zu den wesentlichen Elementen der Selbst-Erfahrung des Menschen, daß er *frei* Absichten fassen, deren Verwirklichung wollen und über die Zeit hinweg in Grenzen erreichen kann. Absichten sind zeitübergreifende ideelle Zielvorstellungen, die *verwirklicht,* also in materielle Veränderungen der Welt I umgesetzt werden können. Das zeitübergreifende »Sein in der Gleichzeitigkeit« der Ideen aber ist, wie Bodo Wenzlaff gezeigt hat, sehr wesentlich für die Zeitlichkeit des Bewußtseins.[9] Obwohl nirgends im Bereich des Lebendigen verletzt, bieten die Gesetze von Physik und Chemie also einen breiten Rahmen für das, was ich semantische Kohärenz nenne. Es ist sehr wohl denkbar, daß semantische Kohärenz im Rahmen der Quantentheorie und ihrer »Kopenhagener Deutung«[10] mit Phänomenen der Quantenkohärenz in Verbindung gebracht werden kann.

Damit habe ich einen Stufenbau des Lebens aus autopoietischen Einheiten beschrieben. Jede dieser Einheiten wird durch interne Kommunikation gestiftet. Dabei werden die höheren Ganzheiten durch Kommunikation der niederen gebildet. Die Zelle mit ihrem biochemischen Kommunikationssystem wäre die autopoietische Einheit erster Ordnung. Der vielzellige Organismus mit seinem gekoppelten hormonellen, immunologischen und neuroelektrischen Kommunikationssystem ist die autopoietische Einheit zweiter Ordnung. Gesellschaften mit ihrer signalsprachlichen Kommunikation wären Autopoiesen dritter Ordnung. Der Stufenbau Zelle – Organismus – Gesellschaft der autopoietischen Integration zeigt, daß die jeweiligen autonomen Einheiten trotz der Abgeschlossenheit ihrer sie konstituierenden internen Kommunikationen nicht nur physikalisch offene, also dissipative Systeme sind, sondern auch nach außen kommunizieren können. Damit ist gezeigt, daß das Leben nicht nur ein materielles, sondern auch ein ideelles Phänomen ist. Deshalb unterscheidet es sich kategorial von der unbelebten Welt. Offenbar kommt es im Leben zum Kontakt zwischen der materiellen Welt I und der ideellen »Platonischen« Welt III, wie immer man deren ontologischen Status versteht. Die Schnittstelle ist die Infor-

9 Bodo Wenzlaff, Zeit und Bewußtsein. Von der Konstituierung des Subjekts in der Zeit, in: Woher und wohin? Über das Rätsel der Zeit, Begegnungen 1/96, Ev. Akademie Mülheim.

10 Nach der »Kopenhagener Deutung« der Quantentheorie bestimmt die sog. Wellenfunktion potentielles *Wissen,* also das, was man über das entsprechende System wissen kann, und bildet nicht das Objekt selbst ab.

mation mit ihrem Doppelcharakter aus kodierender materieller Struktur (Syntax) und deren ideeller Bedeutung (Semantik).

2. Wahrheit als Logos des Lebens

Es bedarf keiner näheren Erläuterung, daß das Leben als Zusammenleben der Arten ein vielfältig durch Symbiosen, Konkurrenzen und Nahrungsketten verknüpftes Ganzes ist. Jedes Lebewesen hat seinen Sinn in sich selbst, aber auch Sinn in der Überlebensgemeinschaft seiner Art. Die Arten haben darüber hinaus Sinn in der Gemeinschaft allen Lebens. Fast alle Arten sind auf andere Arten angewiesen, fast keine kann für sich allein existieren. Das Leben als Ganzes ist ein Sinn-Gebilde, das ebenfalls seinen Sinn in sich selbst hat: »Der Sinn des Lebens ist das Leben« – wie Helga Königsdorf sagt. Das Leben als Sinngebilde eines umfassenden Kommunikationsgeschehens anzusehen heißt, daß seine Ganzheit auf der semantischen Ebene all dieser Kommunikationen konstituiert ist. Sind diese Kommunikationen mehr miteinander verbunden als durch die Gemeinsamkeit des genetischen Codes und der Semantik der molekularen »Sprache« auf der untersten der drei Stufen? Ermutigt durch die Einsicht der evolutionären Erkenntnistheorie, wonach die Evolution des Lebens einherging mit der Entwicklung einer adäquaten Kognition der jeweiligen ökologischen Nische durch die sie bewohnenden Arten derart, daß Bewährung im Daseinskampf als Kriterium ihrer »Wahrheit« gelten kann, möchte ich vorschlagen, Wahrheit in einem umfassenden Sinne anzusehen als das, was die Einheit und Ganzheit des Lebens auf der semantischen Ebene konstituiert. In diesem Sinne soll Wahrheit als die Gesamtheit sinnvoller Informationen aufgefaßt werden, was aber nur dann vernünftig ist, wenn dieser Begriff all das mit umfaßt und verbindet, was er bisher auch schon bedeutet hat. Dies kann ich hier nur andeutungsweise begründen.
Mit ›sinnvoll‹ sind all die Informationen gemeint, die Leben nachhaltig ermöglichen, organisieren, koordinieren und darstellen. Ohne die Sinnkategorie ist ein ›Verstehen‹ des Lebens, wie ich es eingangs dargetan habe, nicht möglich. Was gemeinhin unter Wahrheit verstanden wird, nämlich zutreffende Informationen über die Umwelt zu haben, ist lebensnotwendig, also ›sinnvoll‹ im Sinne der Definition. Auch die Erlangung wissenschaftlichen Wissens, das ja weit über die Kenntnis der ökologischen Nische hinaus auf die ganze Realität gerichtet ist, ist ›sinnvoll‹, weil dies zu den elementaren Lebensbedürfnissen des Menschen gehört. Wissenschaftli-

ches Wissen erfaßt prinzipiell auch, was auf zellulärer Ebene in der molekularen »Sprache« an ›sinnvollen‹ Informationen ausgetauscht wird. Deren Semantik wird dann in der menschlichen Metasprache ausgedrückt.

Die »Gesamtheit sinnvoller Informationen«, soweit sie wenigstens prinzipiell menschlicher Erkenntnis zugänglich ist, kann aber immer noch aus ansonsten unzusammenhängenden Semantiken zusammengesetzt sein. Soll deren verbindendes Merkmal nur sein, daß sie alle menschlichem Denken zugänglich sind? Nach Hegel »kann das Wahre nur das Ganze sein«. Wenn Wahrheit ein Ganzes ist, das etwas mit der einen Wirklichkeit zu tun hat, muß dieses Ganze in sich zusammenhängen. So stellt es die Kohärenztheorie der Wahrheit dar. In eine moderne Fassung der Kohärenztheorie integriert Nikolaus Rescher[11] andere Wahrheitstheorien, insbesondere die Korrespondenztheorie und die pragmatische Theorie derart, daß deren Kriterien gelten: die Übereinstimmung zwischen Aussage und Sachverhalt (Korrespondenz) und die logische und sonstige Konsistenz der Aussagen (Kohärenz). All dies aber muß sich letztlich langfristig im Leben *bewähren,* d.h. das Leben wird im Sinne der pragmatischen Theorie als Rechtfertigungsgrund und Validierungskontext dessen, was als wahr gelten kann, angesehen. Alle drei Gesichtspunkte führen aber auch zum Konsens im »herrschaftsfreien Diskurs«, so daß die Reschersche Wahrheitstheorie mit der Konsenstheorie der Wahrheit nach Habermas[12] ebenfalls vereinbar ist.

Wenn wir nun Wahrheit noch umfassender als »Gesamtheit sinnvoller Informationen« denken wollen, dann müssen im Sinne der Kohärenztheorie weitere Kohärenzen hinzugenommen werden. Wenn Wahrheit das Richtige, das Gute und das Schöne umfassen soll, wie man von jeher glaubt, werden die sie bildenden »sinnvollen Informationen« in ganz unterschiedlicher Weise und mit ganz verschiedener Stringenz durch mathematische, logische, grammatische, ethische und ästhetische Kohärenzen miteinander verbunden sein. Es ist klar, daß Wahrheit in diesem Sinne ein vielschichtiges und mehrdimensionales Gebilde ist, das Erklären und Verstehen umfaßt und verbindet. Sie enthält natürlich objektivierendes, ›erklärendes‹ naturwissenschaftliches Wissen. Es ist gewissermaßen

11 Eine zusammenfassende Darstellung der Rescherschen Wahrheitstheorie findet man bei Heinrich Coomann, Die Kohärenztheorie der Wahrheit. Eine kritische Darstellung Theorie Reschers vor ihrem historischen Hintergrund (1983).

12 J. Habermas, Vorstudien und Ergänzungen zur Theorie kommunikativen Handelns, Frankfurt a.M. 1989.

ihr Skelett, aber beileibe nicht die ganze Wahrheit. Dabei sind zwei Gesichtspunkte von besonderem Interesse. Der eine ist der kognitive und logische Polyzentrismus und der andere die Verknüpfung von Kognition und Volition, d.h. von Wissen und Wollen.
Als Kommunikationsgebilde in der Welt III geht Wahrheit hervor aus der Kommunikation vieler Menschen, die kognitive und logische Zentren (Welten II) sind. Das einsame Ich der cartesianischen res cogitans gegenüber dem restlichen Nicht-Ich der res extensa, das unterscheidendes Denken nach den Gesetzen der (monokontexturalen) binären Logik betätigt, um zu erkennen, ist dieser Situation ziemlich unangemessen. Die Tatsache, daß Wahrheitserkenntnis im Gegensatz dazu auf Kommunikation beruht, hat Gotthard Günther[13] zu der Einsicht geführt, daß Wahrheit eine kompliziertere polykontexturale Struktur haben muß, in der das tertium non datur nicht mehr unbedingt gilt.
Eine andere Fiktion des in der Aufklärung entstandenen Denkens, auf die ich im letzten Abschnitt noch näher eingehe, ist die, daß wahre Erkenntnis die Realität an sich objektiv und homomorph abbildet und *wertfrei* einfach nur feststellt, was der Fall ist. Danach würden sich ethische Fragen erst stellen, wenn es um die Anwendung solchen Wissens geht. Anwendbar ist solches Wissen, weil es, wie ich ebenfalls im letzten Abschnitt genauer betrachten möchte, eine Wenn-Dann-Struktur hat. Eine genauere Analyse, die schon auf Husserl zurückgeht, hat aber gezeigt, daß jede dieser »Wenn-Dann«-Aussagen ein »um zu« intendiert, daß also Kognition und Volition, Erkennen und Wollen, untrennbar verknüpft sind. Deshalb ist Wahrheitserkenntnis eben prinzipiell nicht wertfrei, sondern mit ethischen Werturteilen verbunden. Es ist also Wahrheit als ethisch qualifiziertes Wissen zu verstehen. Wie die formale Struktur eines wertenden logischen Schließens aussehen kann, ist kürzlich von Manfred Peschel gezeigt worden.[14] Die Wertungen selbst bedürfen dabei Maximen und Kriterien; Maximen, die »Bewährung im Leben« erwarten, und Kriterien, die sie rückschauend und vergleichend beurteilen lassen. Es müssen Maximen und Kriterien der *Erhaltung, Entfaltung und Gestaltung* des Lebens und seiner *nachhaltigen* Entwicklung um seiner selbst willen sein. Sie müssen selbst Gegenstand und konsensuelles Ergebnis eines herrschaftsfreien Diskurses sein. Der Konsens, um den es dabei geht,

13 G. Günther, Das Bewußtsein der Maschinen. Eine Metaphysik der Kybernetik, Baden-Baden 1963.
14 Manfred Peschel, Fraktale Logik, 1995, unveröffentlicht.

ist letztlich das Leben selbst, sein Fortbestand und sein nachhaltiges Gedeihen.

Wahrheit als kohärente Gesamtheit sinnvoller Informationen ist im ständigen Wandel begriffen. Ständig kommen neue ›sinnvolle‹ Informationen hinzu und bewerten die alten um. Wahrheit ist selbst lebendig, so lebendig wie das Leben, denn sie umfaßt ja all jene Informationen, deren Austausch die Autopoiese des Lebens auf allen ihrer drei – und wie ich jetzt sagen möchte – vier Stufen stiftet. Die vierte Stufe der Autopoiese ist dabei das Leben als ganzes. Die integrierende Kommunikation beruht nicht einfach nur auf der Gegenseitigkeit ihrer allzu ungleichen Partizipanten. Worin besteht sie? Das ist eine offene und weiterführende Frage.

Wahrheit ist natürlich nicht einfach die semantische Seite des Lebens in toto, denn da geschieht viel Irriges, Falsches, Schädliches, Böses, Sinnloses, da geschieht viel Lug und Trug, die die Erhaltung und Entfaltung des Lebens bedrohen. Wahrheit aber sagt, wie es ist und wie es sein soll. Dies alles möchte ich zusammenfassen in dem Satz: Wahrheit ist der Logos des Lebens, so wie es der Prolog des Johannes-Evangeliums, einen altgriechischen Hymnus aufgreifend, von dem uranfänglichen Logos sagt, der bei Gott war und der er ist: »In ihm war das Leben, und das Leben war das Licht der Menschen. Das Licht scheint in der Finsternis, und die Finsternis hat's nicht ergriffen.«

3. Wissenschaft und die Wahr-Nehmung des Lebens

Wissenschaft, so wird man sagen können, ist methodisches und systematisches Fragen nach Wahrheit. Wenn dies so ist, dann ist Wissenschaft auch dadurch bestimmt, was denn als Wahrheit gelten soll. Wenn Wahrheit in dem beschriebenen umfassenden Sinne der »Gesamtheit sinnvoller Informationen« als »Logos des Lebens« verstanden werden kann, dann würde ein methodisches Fragen danach auch einen veränderten Begriff von Wissenschaft zur Folge haben, besonders wenn man dabei den Kommunikationscharakter der Wahrheit beachtet. Dieser Wahrheitsbegriff umfaßt, wie schon gesagt, den traditionellen der Wissenschaften und qualifiziert ihn neu.

Das Wahrheitsverständnis, das den Naturwissenschaften mit ihrem Anspruch, »festzustellen, was der Fall ist«, unreflektiert zugrunde liegt, ist das der Korrespondenztheorie: Übereinstimmung zwischen Aussage und Sachverhalt, konstatiert durch das Experiment. Dabei werden logische und mathematische Kohärenzen zwischen solchen Feststellungen ebenfalls als wahr angesehen. In diesem Sinne sagt beispielsweise der Biologe Hans Mohr, Aufgabe der Wissenschaft sei es, »wahre Sätze über die Natur« aufzustellen. Darin spricht sich auch die ebenso unreflektierte Vorstellung aus, daß wir es mit einer an sich seienden Realität zu tun haben, die durch solche »wahren Sätze« adäquat beschrieben, d.h. abgebildet werden kann. Dies ist das aus der Aufklärung überkommene, gewissermaßen klassische Paradigma neuzeitlicher Wissenschaft: Wissenschaft stellt fest, was ist, und dieses ist wertfrei, aber doch als solches schon gut, denn möglichst viel von dem zu wissen, was ist, kann nur gut sein. Damit ist immer auch ein Fortschreiten verbunden, das nur ja nicht behindert werden soll.

Die diesem Paradigma entsprechende Erkenntnishaltung ist, wie schon gesagt, die der cartesianischen Subjekt-Objekt- oder auch der Ich-Es-Relation. Beschreibungsgegenstand ist die das erkennende Subjekt umgebende Welt oder der Es-Kontext des Ich. In diesem Monokontext gilt die zweiwertige Logik unterscheidenden Denkens. Es kann nur widerspruchsfrei sein, solange Selbstbezüglichkeiten vermieden werden und vermeidbar sind. Unvermeidbar sind sie, wenn das erkennende Subjekt sich selbst erkennen will und wenn Erkennen erkannt werden soll. Damit deuten sich Grenzen und Offenheiten dieses Erkennens an.

Die weitreichende Relevanz des klassischen Paradigmas, hinter das niemand zurück kann, aber wird belegt durch den überwältigenden Erfolg des von ihm geleiteten naturwissenschaftlichen Denkens. Andererseits bildet sich ein Konsens darüber heraus, daß es gerade der Technik gewordene Erfolg dieses Denkens ist, der die Menschheit und das Leben auf der Erde in eine bisher nie dagewesene Krise führt. »Im Erfolg liegt die Gefahr« – so sagt Hans Jonas[15]. Georg Picht meldet mit seinem Diktum »Eine Wissenschaft, die die Natur zerstört, kann keine wahre Erkenntnis der Natur sein«[16] tiefgründige Zweifel an der Wahrheit solcher Erkenntnis an. Das kann nur bedeuten, daß der leitende Wahrheitsbegriff in Zweifel zu ziehen ist, ohne dessen Relevanz zu bestreiten. In diesem Jahrhundert ist in der Tat eine sehr ernstzunehmende Kritik am klassischen Paradigma wissenschaftlicher Erkenntnis in methodologischer, epistemischer und soziologischer Hinsicht geübt worden, ohne daß sich bisher ein neues Paradigma abzeichnet.

15 Hans Jonas, Technik, Ethik und biogenetische Kunst. Betrachtung zur neuen Schöpferrolle des Menschen, Jubiläumsveranstaltung 100 Jahre Hoechst Pharma 1984.

16 Georg Picht, Der Begriff der Natur und seine Geschichte, Stuttgart 1989, S. 3 u. 15.

Bevor ich darauf eingehe, möchte ich auf den Verfügungscharakter wissenschaftlichen Wissens hinweisen. Experimentell geprüftes und überprüfbares, also ›gesichertes‹ Wissen hat unabdingbar eine Wenn-Dann-Struktur: *Wenn* man das und das macht, *dann* passiert mit der und der Wahrscheinlichkeit das und das. Das Wenn umfaßt die Präparierung des Objekts und die messende Handlung. Das Dann umfaßt die auf diese Weise objektivierte Reaktion des Objekts und deren Streubreite. Die Objektivität wissenschaftlicher Erkenntnis gründet sich somit auf die *Objektivierung* der Wirklichkeit durch das Experiment. Die Präparierung des Objekts bedeutet dessen Dekontextualisierung. Sie ist der Preis für Objektivität. Deren Gewinn ist Reproduzierbarkeit. Objektivierende Erkenntnis beschreibt, was unter gleichen Bedingungen gleich abläuft. Darin liegt ihr Wert. Die Wenn-Dann-Struktur macht objektivierendes Wissen zu Verfügungswissen, das durch Geheimhaltung oder Patentierung leicht in Herrschaftswissen umgewandelt werden kann. Patentierung kann solches Wissen als ›Know How‹ zur handelbaren Ware machen. Orientierungswissen enthält es unter Hinweis auf die unterstellte Wertfreiheit erklärtermaßen nicht.
Hier schließen sich die Fragen *methodologischer Kritik* an: Erkennt solches Wissen eigentlich die »an sich seiende Realität« oder eine präparierte Realität, die dem »Wenn« des Experiments entspricht? Kommen gewisse experimentelle »Wenns« in der eigentlichen Wirklichkeit überhaupt vor, oder sind sie völlig künstlich? Wird nicht der zum *Objekt* präparierte Gegenstand des Experiments seiner Besonderheit systematisch entkleidet und so zum Repräsentanten einer statistischen Gesamtheit gemacht und aus seinem nichtformalisierbaren Kontext gelöst? Ist letzterer immer wirklich irrelevant? Physikalische Objekte können nur durch endlich viele (d.h. faktisch wenige) »relevante« Parameter charakterisiert werden (Präparierung). Kann es nicht sein, daß für Lebe*wesen* »immens«[17] viele Parameter relevant sind, daß sie also nicht objektiviert werden können, ohne daß ihr »Wesen« verlorengeht? Hängt die »objektive« Erkenntnis als objektivierende Erkenntnis nicht doch von der Präparierungsentscheidung des Experimentators ab? Kann prinzipiell von Vollständigkeit objektiver Erkenntnis die Rede sein, wenn dieser nur die reproduzierbaren Züge der Wirklichkeit zugänglich sind, einer Wirklichkeit, in der andererseits nichts *exakt* wiederholbar ist? Ist alles Einmalige und Unwiederholbare nichtig? Ist die Wirklichkeit vollständig auf feststellbare ›Sachverhalte‹ re-

17 Unter »immensen« Zahlen versteht Elsasser solche, die größer als die Eddingtonschen Zahlen sind.

duzierbar, so daß nachprüfbare Aussagen darüber gemacht werden können?

Einige dieser Fragen lassen sich in Grenzen tatsächlich mit Ja beantworten: Viele experimentelle »Wenns« kommen durchaus in der Wirklichkeit vor. Die Besonderheiten vieler Objekte und ihr besonderer Kontext sind sehr wohl für viele Fragen irrelevant, und dann ist auch die Präparierungsentscheidung des Experimentators nicht subjektive Willkür. Zweifellos kommt es auf die feststellbaren Sachverhalte und Tatsachen besonders an, und ihre zutreffende Erkenntnis kann lebenswichtig sein. Das Reproduzierbare als das in der Zeit Gleichbleibende ist natürlich auch besonders wichtig. Dies alles begründet die Relevanz, aber auch die Grenzen objektivierender Erkenntnis, der Jacques Monod[18] in Gestalt seines »Objektivitätspostulats« allein den Wahrheitsstatus zuerkennt.

Die *epistemische Kritik* geht von der Quantentheorie aus. Sie macht mit dem Ausdruck

$$M(A) = \mathrm{Spur}\,(WA)$$

für den Meßwert M der »Observablen« A die Wenn-Dann-Struktur explizit, denn in dem »statistischen Operator« W steckt die Präparierung des Objekts. Sie handelt ausdrücklich von der beobachteten und nicht von einer »an sich seienden« Realität. Trotzdem könnte es ja sein, daß die beobachtete eben die an sich seiende Realität ist. Nun hat aber John Bell zeigen können[19], daß *jede* Theorie, die Teilchen beschreibt, die beobachtbare Eigenschaften *haben*[20], auch wenn sie nicht beobachtet werden – das ist ja mit der objektiven Beschreibung der an sich seienden Realität gemeint – eine bestimmte, nach ihm benannte Ungleichung erfüllen müssen.

Diese Bellsche Ungleichung aber wurde experimentell falsifiziert, während die Quantentheorie, die ihren Objekten, wenn man von sog. Superauswahlregeln absieht[21], keine ihnen an sich zukommenden Eigenschaften zuschreibt, bestätigt wurde. Damit ist, streng genommen, auch das klassische Wissenschaftsparadigma *falsifiziert.* Daß es immer noch vorherrscht, ist sowohl Unkenntnis und Ignoranz, mehr aber noch der Ansicht zuzuschreiben, daß es sich nur um Wunderlichkeiten am Rande der mikroskopischen

18 Jacques Monod, Zufall und Notwendigkeit, 1970.

19 Heinz Puff, Warum die Quantentheorie nicht »lokal realistisch« und dennoch richtig ist. Über die Bellschen Ungleichungen, in: Quantentheorie und Erkenntnis, Begegnungen 6/94, Ev. Akademie Mülheim.

20 Als weitere Voraussetzung kommt hinzu, daß sie keine »spukhaften Fernwirkungen« aufeinander ausüben.

21 Superauswahlregeln bestimmen solche ›Eigenschaften‹, die nicht in quantenmechanischer Superposition beobachtet werden wie z.B. Ladung, Masse, Betrag des Spins.

Realität handelt, die irrelevant werden, sobald es sich um »größere« Objekte oder »größere« Ansammlungen (»Ensembles«) mikroskopischer Objekte handelt, denen aller Erfahrung nach doch objektive Eigenschaften zugeschrieben werden können. Diese Ansicht hat sich bewährt, und deshalb ist das klassische Paradigma eben auch nicht einfach irrelevant geworden. Erst in neuerer Zeit zeichnet sich eine Klärung darüber ab, wo und wie die quantentheoretische Erscheinung der Wirklichkeit im klassischen Sinne »real«, d.h. objektiv abbildbar wird.[22] Natürlich reicht die übliche und völlig unscharfe Unterscheidung zwischen mikroskopisch und makroskopisch nicht aus, denn es gibt makroskopische Quantenphänomene wie die Supraleitung und die Josephson-Effekte, und es gibt mikroskopische Quantenprozesse mit makroskopischen Wirkungen. Insbesondere ist ungeklärt, wie weit Quantenkorrelationen und -kohärenzen im Bereich des Lebens reichen, dessen semantisch geleitetes Kommunikationsgeschehen bis in quantenmechanische Dimensionen hinabreicht. Es ist daher nicht ausgeschlossen, daß der ganz und gar auf dem Boden des klassischen Paradigmas verbleibende molekularbiologische Reduktionismus unserer Tage diese Züge der »Quantenrealität« in sträflicher Weise ignoriert.

Diese erkenntnistheoretische Kritik stellt also die Vorstellung einer »an sich seienden Realität« in Frage und zeigt, daß das »Ding an sich« durch eine epistemische Homomorphie – Erkenntnis genannt – nur sehr bedingt, streng genommen aber gar nicht erreicht werden kann. Damit wird aber auch die methodologische Kritik experimenteller »Feststellung von Wahrheit« (Bestätigung oder Falsifizierung von Theorien) verschärft: Die Realität ist nicht *als solche* objektiv. Sie wird *objektiviert* (präpariert).

Beide Kritiken aber setzen die dritte, die *wissenschaftssoziologische Kritik* erst in ihr volles Recht. Sie besagt, daß die Intentionen, Prämissen, Interpretationen, Bewertungen und Schlüssel, die zu wissenschaftlicher Theoriebildung führen, in viel stärkerem Maße soziokulturell bedingt und bestimmt sind, als es sich die Wissenschaftler(innen) eingestehen. Im Grunde ist schon von Thomas Kuhn[23] gezeigt worden, daß Erkenntnisfortschritt wesentlich ein sozialer Prozeß ist. Jedoch konnte man im Sinne des klassischen Wissenschaftsparadigmas immer noch annehmen, daß dieser sozial verlaufende Erkenntnisprozeß eine durch Paradigmenwechsel hindurch vor sich gehende Annäherung an die objektive Wahrheit ist.

22 Erich Joos, Die Begründung klassischer Eigenschaften aus der Quantentheorie, Philosophia naturalis 27 (1990) 31.
23 Thomas Kuhn, Die Struktur wissenschaftlicher Revolutionen (1962).

Wenn es diese Zielgröße so aber doch gar nicht ›gibt‹, muß der Wahrheitsanspruch der Naturwissenschaften auch aus diesem Blickwinkel erheblich relativiert werden.
Wenn es denn so ist, daß im modernen Forschungsprozeß angewandte und Grundlagenforschung in der Regel kaum noch voneinander zu unterscheiden sind, wenn der »Strategiekreis Forschung und Technologie« beim vormaligen Bundesforschungsministerium[24] Forschung fast ausschließlich als Innovationssystem für die Industrie ansieht, dann dürfte klar sein, daß der größte Teil wissenschaftlicher Forschung nicht durch innerwissenschaftliche, sondern durch ökonomisch-politische Zwecksetzungen geleitet ist. Deren Erfolg aber wird nicht durch die Erfüllung von Wahrheitskriterien, sondern durch die Erreichung der gesetzten außerwissenschaftlichen Zwecke bestimmt.[25] Dies kann in Grenzen gleichbedeutend sein, ist aber natürlich weder notwendig noch hinreichend. Kann dann das, was so erreicht wird, noch ›Wahrheit‹ genannt werden? Muß man nicht spätestens hier auf das schon zitierte Wort Georg Pichts hören und die Wahrheitsfrage neu stellen: »Eine Wissenschaft, die die Natur zerstört, kann keine wahre Erkenntnis der Natur sein«?
Aus der skizzierten Kritik und der Mitverantwortung von Wissenschaft und Technik für die Nichtnachhaltigkeitskrise unserer Zivilisation folgt zwingend die Forderung nach einer Revision des erkenntnisleitenden Paradigmas neuzeitlicher Wissenschaft und nach einer Neubesinnung ihrer Grundlagen, Ziele und Aufgaben, also nach einer »Aufklärung der Aufklärung«. Sie wird wohl wesentlich tiefer gehen müssen als das, was Hubert Markl unter dem Stichwort »Zweite Aufklärung« fordert, nämlich daß nach der Erschließung des Leistungspotentials der Wissenschaft nun auch die »Leitungskraft« entwickelt werden müsse, um damit umgehen zu können.[26] Soll der Zauberlehrling der ersten Aufklärung sich nun zum Hexenmeister qualifizieren?
Wenn »objektive Realität« nicht mehr durchweg und nur noch bedingt Zielgröße wissenschaftlichen Fragens nach Wahrheit sein kann und wenn nach »Übereinstimmung zwischen Aussage und

24 Bericht des Strategiekreises Forschung und Technologie, Bonn, 5. Juli 1994.
25 In seinem Aufsatz im »Spektrum der Wissenschaft«, Mai 1995, zieht H.O. Henkel, der Präsident des Bundesverbandes der deutschen Industrie, die Konsequenz, indem er schreibt: »Wissenschaftler müssen akzeptieren: Auch Marketing ist Wahrheitsfindung.«
26 Hubert Markl, Naturforschung für eine lebenswerte Zukunft in: Wissenschaft in der globalen Herausforderung, 1995.

Sachverhalt« nicht mehr ohne weiteres gefragt werden kann, wenn Wissen auch ethisch qualifiziert werden soll, was soll dann die Bezugsgröße sein, an der letztlich alles zu messen und zu bewerten ist? Ich meine, daß das Leben diese Größe sein sollte, auf die sich alle Wissenschaften, sowohl die Natur- als auch die Geisteswissenschaften, beziehen sollten. Wahr-Nehmung des Lebens könnte man eine solche Grundorientierung nennen. Ihre Zielgröße wäre die »Wahrheit als Logos des Lebens«, wie ich es beschrieben habe. Dabei soll Wahr-Nehmung in des Wortes dreifacher Bedeutung verstanden werden: *Perzeption, Verifikation und Partizipation.*

Perzeption bezeichnet am ehesten die traditionelle Haltung des Beobachtens im Sinne des klassischen Wissenschaftsparadigmas. Sie bezieht sich natürlich nicht nur auf die belebte Natur, sondern auf die ganze Realität, weil das Grundbedingung und -bedürfnis menschlicher Existenz ist. Interessant ist, daß selbst kosmologische Forschung um den Bezug zum Leben nicht herumkommt. Interessant sind auch die Argumente von Roger Penrose für eine am Leben, d.h. am Bewußtseinsphänomen orientierte nichtalgorithmische Weiterentwicklung der Quantentheorie.

Verifikation im Leben bezieht sich darauf, daß sich auch Wissenschaft im Sinne der pragmatischen Theorie (in Fortsetzung der evolutionären Erkenntnistheorie) im Leben *bewähren* muß. Auch Wissenschaft braucht für ihr Tun den Rechtfertigungsgrund und Validierungskontext des Lebens im Sinne Nikolaus Reschers. Die neuzeitliche Wissenschaft und ihr erkenntnisleitendes Paradigma aber würden *falsifiziert,* wenn es ihr nicht gelingt, entscheidende Beiträge zu der Überwindung der Zivilisationskrise zu leisten, die sie mitzuverantworten hat. Ökologische Forschungsprogramme allein können nur der Schadensbegrenzung dienen, ändern aber nichts an der fatalen Mißbräuchlichkeit gegenwärtiger Wissenschaft, solange sie Ethik nicht wirklich integriert.

Partizipation weist darauf hin, daß auch wissenschaftliche Forschung Teilnahme am Leben ist und nicht Herrschaft über das Leben ausüben soll. Vor allem bedeutet Partizipation Teilnahme an der Kommunikation des Lebens, bedeutet sie Hören und Verstehen. Unabdingbar ist die Kommunikation in der scientific community und mit der Gesellschaft, was auch nicht bestritten wird. Geheimhaltung und Privatisierung wissenschaftlich-technischen Wissens aber verhindern bzw. behindern die Kommunikation und sind mit dem Wahrheitsanspruch der Wissenschaft nicht vereinbar, weil man sich der kritischen Prüfung und der ethischen Bewertung entzieht.

Es ist sehr wichtig zu beachten, daß jede Wahrheit, auch wissenschaftliche Wahrheit, den kategorialen Status einer Information, also einer Botschaft eines Senders an einen Empfänger, hat. Wahr ist nur, was gesagt, gehört und verstanden werden kann. Wahrheit ist somit keine Seins-, sondern eine Beziehungsgröße. Dies wirft die transzendentale Frage nach der Herkunft der Wahrheit auf. Sie erhält besonderes Gewicht, wenn man wie die Kohärenztheorie davon überzeugt ist, daß die Wahrheit ein in sich zusammenhängendes Ganzes ist.

Dies alles ist der modernen und postmodernen Wissenschaft kaum bewußt. Sie ist auf das Erklären aus und vom Verstehen weit entfernt, denn sie weiß nicht, daß hören muß, wer verstehen will. Wer nicht versteht, antwortet nicht und kann letztlich auch nicht verantworten, obwohl das Wort Verantwortung zur Rechtfertigung des Machens des Machbaren herhalten muß. Die gleichen Wissenschaftler, die so von Verantwortung reden, brauchen sich nicht zu verantworten und werden auch nicht zur Verantwortung gezogen, denn sie produzieren ja »Wahrheit«, die angeblich wertfrei und nur in der Anwendung, die andere – wer eigentlich? – zu verantworten haben, ambivalent sei.

Verantwortliche Wissenschaft aber muß antworten. Um zu antworten, muß sie verstehen. Um zu verstehen, muß sie hören auf die Kommunikation des Lebens, das eben nicht nur ein physikochemisches Phänomen ist. In der Kommunikation des Lebens aber begegnet eine überwältigende Vernunft, der Logos des Lebens in einem Kosmos, in dem erkennendes Leben möglich ist. Dieser Logos ist der transzendentale Grund des Lebens. Davon lebt das Leben, »nicht vom Brot allein« (Mt 4,4). Nichts Geringeres ist das Gegenüber der Verantwortung. Die menschliche Verantwortung dem Leben gegenüber, so sagt Hans Jonas – »wird zum erstenmal kosmisch, denn wir wissen nicht, ob das Weltall sonst noch ein Gleiches hervorgebracht hat.«[15]

14.
Walter Oberschelp
Anthropologische Fragen zu vernetzten Informationssystemen

1. Zur Situation

Es ist heute möglich, mit Hilfe eines netzfähigen Computers (PC) in eins der existierenden Hochleistungsnetze (z.B. Internet) hineinzugelangen, d.h. dort Abfragen vorzunehmen und auch selber Eintragungen zu plazieren. Die Kosten für Anfragen im World Wide Web (WWW) sind relativ gering und liegen bei wenigen Dollar pro Stunde. In vielen Bereichen (z.B. Universitäten) kann man sogar de facto zum Nulltarif arbeiten, da zentral eine Pauschalierung der Kosten erfolgt.

Das Internet ist ein dezentrales Netz mit multimedialem Service (Zeichen, Bild). Die codierten Nachrichten werden – paketweise gebündelt bzw. gestückelt – über geeignete Datenwege gesendet und beim Empfänger wieder zusammengesetzt. Da die derzeitigen Transport-Protokolle die beförderten Nachrichten nicht messen können, ist lediglich eine Abrechnung auf Zeitbasis möglich. (Dies wäre zu vergleichen mit Fluggebühren, die lediglich das Gewicht des Passagiers bestimmen.)

Die Entwicklung ist in vollem Gange: 1995 verdoppelte sich die Teilnehmerzahl alle 2 Monate. Dies kann natürlich nicht so weitergehen! Immerhin erwartet man im Jahr 2000 mehr als 200 Millionen Teilnehmer weltweit. Es drohen dann Engpässe. Sie sind heute schon zu Stoßzeiten, insbesondere bei Bildübertragung, deutlich zu beobachten. Die Politiker halten den Ausbau großer Data-Highways für eine Überlebensfrage in einer hochtechnisierten Gesellschaft. Jeder soll mit jedem via Netz kommunizieren können. Die Handhabung des Netzes ist bequem, ergonomisch optimierte Tools sind bereits jetzt der Standard.

Kommunikation ist das Reizwort! Es geht hier um eine der höchsten Qualitäten des Menschseins. Folglich erscheint vielen die vernetzte Informationsgesellschaft als das erstrebenswerte und bereits realisierbare Kommunikations-Paradies (oder gar Schlaraffenland) der Menschheit.

Die weiteren technischen Perspektiven erscheinen atemberaubend: Es ist die Einbeziehung aller Sinne (insbesondere Hören, Fühlen)

in die Kommunikation denkbar. Das Schlagwort »virtuelle Realität« ist kein bloßes Zukunftsprogramm mehr, der »Datenhelm« existiert bereits und wartet auf den Anschluß ans Internet.
Die derzeitige Euphorie beflügelt z.B. viele (besonders jüngere) Wissenschaftler: Jeglicher Wissensdurst scheint über das Netz befriedigt werden zu können. Bücher und andere Platz erfordernde Dokumente werden scheinbar obsolet. Von der bereits praktizierten Hotel-Reservierung via Netz über elektronisches Banking bis zum Handel über Internet sind es nur noch kurze Wege. Die elektronische Überwachung der Straßenmaut, die Totalüberwachung flüchtender Gangster, die Video-Konferenz, die das Reisen von Ort zu Ort überflüssig macht – dies alles sind kurzfristige technische Perspektiven.

2. Eine persönliche Bewertung

Als Informatiker arbeite ich im Prinzip an dieser Entwicklung forschend mit. Es ist keineswegs meine Absicht, mich an die kurze Leine einer ebenfalls populären Technologie-Skepsis legen zu lassen. Die Gestalt des einsamen Forschers und Geistes-Heroen, der durch sein Denken und durch dessen Folgen die Geschichte lenkt und die Welt aus den Angeln hebt, ist sicherlich nicht ausgestorben, kann aber für unsere Wertung nicht bestimmend sein. Die wenigen wirklich großen und visionären Einzel-Entdecker können aus der Sicht einer wissenschafts-soziologisch orientierten Anthropologie vernachlässigt werden. Zeitungsmeldungen über Forschungsresultate geben meist Trendmeldungen einer Forschungssparte an, nur selten berichten sie über wissenschaftliche Sensationen. Hochschullehrer sind nicht nur der Forschung, sondern auch der Lehre verpflichtet. Hier entsteht die kreative Aufgabe, den Studierenden und der gesamten Gesellschaft die Ergebnisse der Forschung transparent und deren Folgen beurteilbar zumachen.
Die Forschung eilt keineswegs von Sieg zu Sieg. Die Niederlagen der Medizin z.B. beweisen dies. Allerdings scheinen die Informationswissenschaften von solchen Rückschlägen ausgenommen zu sein. Wir leben infolge dessen z.Zt. in einer informationellen Überfluß-, ja Verschwendungs-Gesellschaft. Die Möglichkeiten dieser Technik seien durch einen Vergleich verdeutlicht: Stellen wir uns vor, ein Schreibsymbol (= 1 Byte) werde mit einem Fingerhut (1 ccm) Wasser gleichgesetzt. Dann würde eine Textseite etwa 5 Liter, ein Buch etwa 5 Kubikmeter Wasser bedeuten. Eine Bibliothek entspräche etwa einer Talsperre. Wir leisten uns den

Komfort, ein (nicht komprimiertes) Bild mit 1 Kubikmeter anzusetzen. Die heutigen 10 Gigabyte-Netze können einen Informationsstrom bewältigen, welcher der vierfachen Durchflußmenge des Rheins bei Düsseldorf entspricht (ca. 500 Bücher pro Sekunde); die bald zu erwartenden Tera-Byte-Netze bewältigen schon die zehnfache Durchflußmenge des Amazonas oder etwa 1/50 der gesamten Golfstromkapazität. Hier können wir uns fast wie die Götter betätigen: »Stell doch bitte einmal den Golfstrom an!« »Leere doch bitte einmal die Ruhrtalsperre«.

Die Euphorie dieser Hochleistungstechnologie wird aber durch einige Wermutstropfen getrübt: Es gibt vier große Probleme, die nicht allein auf der technischen Ebene der Übertragungsprotokolle gelöst werden können.

1. Sicherheit: In dem dezentral organisierten, weitgehend transparenten Netz müssen die Diskretion des Dialogs und die informationelle Selbstbestimmung gewährleistet sein. Der Mißbrauch vertraulicher Informationen ist zu verhindern, eine selbstgewählte Anonymität zu garantieren. Das Bankgeheimnis z.B. ist z.Zt. nur schwer zu schützen. Im Prinzip sind die hier entstehenden Probleme lösbar, z.B. durch kryptologischen Verschlüsselungs-Schutz. Es entstehen dann aber Zusatzkosten, welche auch die Direktheit der Benutzung verhindern könnten.

2. Authentizität: Im Internet ist natürlich jede Art von Informations-Manipulation technisch möglich. Über die allgemeine Problematik der Frage »Was ist Wahrheit« hinaus muß ein Ausgleich zwischen den Interessen einer schnellen Wissens-Aktualisierung und einem durch Copyright vertrauenswürdig gemachten sicheren Wissensbestand gefunden werden. Neue Strukturen der Authentifikation von Wissen durch nicht-fälschbare Güte-Zertifikate aus anerkannter Kompetenz müssen noch gefunden werden. Die gedankliche Qualität eines Dokumentes kann nur inhaltlich und nicht formal geprüft werden. Diese Prüfung ist langsam und kostspielig.

3. Selektivität: Wie finde ich das, was ich wirklich wissen will? Wie schütze ich mich vor Überflutung durch Angebote, die weniger interessant bzw. relevant für mich sind? Die z.B. aus dem Fernsehen bekannte Problematik, Werbetexte auszublenden, stößt im Internet auf neue Zusatzprobleme, da auch auf gerichtete Recherchen unerwünschte Informationsangebote parasitär überhandnehmen.

4. Akzeptanz: Die Frage der Akzeptanz vernetzter Informationssysteme ist sowohl für Betreiber wie für Nutzer schlechthin entscheidend. Brauchen wir eigentlich diese technischen Kapazitäten? Für den klassischen Informationshunger gibt es Beispiele, die man mit

Vergleichen illustrieren kann: Ist es sinnvoll, daß ein (nach Wissen) dürstender Reisender in der Oase statt des früher gegebenen dünnen Wissens- und Erkenntnisstrahls mit der Hochdruckleitung des Stromes der Informations-Überfülle gelabt wird?
Der nach Wissen und Erkenntnis Suchende möchte sich aus dem Weinkeller der Erkenntnis mit einer Flasche Wein seines Geschmacks bedienen. Das Schlaraffenland der Informationstechnologie bietet ihm eine millionenfaches Angebot, auf seine Bitte hin stehen Tausend von Flaschen vor ihm. So kann der nach Wissen Lechzende vor der Qual der Wahl verdursten.
Empfinden wir diesen Zustand als Paradies oder als Hölle? Die Freude, im Besitz eines »Tischlein-Deck-Dich« zu sein, kann in die Verzweiflung des Zauberlehrlings umschlagen, der die von ihm gerufenen Geister nicht mehr bändigen kann. Wir müssen die Ungewißheit über die wirkliche Akzeptanz der Informationstechnologie mit einer skeptischen Zukunftserwartung vor uns hertragen.

3. Anthropologische Schlußfolgerungen

Immer schon haben Beseitigung eines Mangels und ein sich daran entwickelnder Überfluß nicht nur Fortschritt gebracht, sondern auch Degeneration: Die Einführung des Lesens und Schreibens und des Buchdrucks hat die Gedächtnisfähigkeit beeinträchtigt, der Taschenrechner führte zum Verlust der Fähigkeit zum Selbst-Rechnen. Das Telefon hat die Briefkultur zerstört, die bildorientierte Presse und das Fernsehen bedrohen die Lesefähigkeit breiter Massen. Letztlich haben die Vorteile aber doch dem Menschen zur Verbesserung seines Lebens gereicht – haben sie es wirklich? Ich möchte bei dieser Deutung der Ambivalenz des informatorischen Schlaraffenlandes nicht als ein Nur-Kassandra-Rufer verstanden werden; auch als Apologet einer dem Protestantismus inhärenten Verzichtethik um ihrer selbst willen oder aus ökologischer Prinzipienreiterei oder aus einem virulenten Kulturpessimismus heraus vermag ich nicht, die Hand mahnend zu erheben.
Vielmehr bin ich dazu engagiert, zwecks Bewahrung unserer ureigenen menschlichen Fähigkeiten ein Hygieneprogramm gegen unsere Degenerationsschäden zu entwickeln. In der gleichen Weise, in der sich die Forderung nach Sportunterricht für den durch Immobilismus verweichlichten Körper begründet, der Wunsch nach lärm-, musik-, karnevals-freien Räumen für unsere gequälten Ohren, in der gleichen Weise mache ich auch das Recht auf ein authentisches Ambiente z.B. bei einer wissenschaftlichen Konferenz

geltend. Die Ablehnung einer reinen Videokonferenz-Gesprächskultur ist nicht nur eine faule Ausflucht eines amüsierwütigen Faulpelzes, sondern auch ein Pochen auf mein Recht auf genuine Erlebnisse.

Wir haben durch die Übersättigung des Viel-Reisens schon erschreckend viel Erlebnisfähigkeit verloren: Eine Dampferfahrt bei einem Kongreß entwickelt sich zu einem Dinner mit rhythmischer Beigabe, kaum jemand schaut noch auf die vorüberziehende Landschaft. Der Flugzeugtrip zum Südpol degeneriert zu einer Beobachtung der Pinguine vom Barhocker hinter hermetisch isolierten Fenstern. Die Teilnehmer einer Israel-Reise können den genius loci des Ölberges, der Grabeskirche, Bethlehems, des Ortes der Bergpredigt vor lauter Reiz-Übersättigung nicht mehr wahrnehmen. Die Wunscherfüllung gipfelt im »ibi fuisse«. Die Weisheit des »es gibt so manche Straße, da nimmer ich marschiert – es gibt so manchen Wein, den nimmer ich probiert« wird vergessen unter dem traumatisierenden Trommelfeuer der immer neue Wünsche erzeugenden Reisetechnologie.

Die Fähigkeit, hinzuhören, ein Bild anzusehen, die Sprachkraft eines Satzes zu genießen, einen Gedanken kritisch zu überdenken, mit einem Menschen zusammen zu sein, diese ureigenen Fähigkeiten des Menschen drohen der Informationsflut im Datennetz und dem Tempo auf dem Data-Highway zum Opfer zu fallen. Phantasie und Kreativität stehen zur Disposition, das Wunder ist dank der Tricktechnik unserer Medien zum alltäglichen Erlebnis geworden. Die Gefahr, der besonders unsere Jugend ausgesetzt ist, statt erlebter Realität virtuelle Realität als Wahrheit mißzuverstehen, bedroht auch unsere biologische Zukunft: Ob Pornographie und virtueller Verkehr mit dem Schönheitsidol noch einer biologischen Sexualität Raum geben können?

Wir müssen gezielt Programme entwickeln, den in uns schlummernden körperlichen und emotionalen Kräften wieder Raum zu geben, nicht nur für die Jugend! Möglichkeiten einer echten Kommunikation müssen wieder neu gelernt werden, die Kommunikationsduselei der Netzpropheten muß entlarvt werden: Between male and female there is a little bit more than E-Mail! Nicht Computerstürmerei oder totale Netz-Abstinenz sind die erforderlichen Maßnahmen, sondern das Gewähren und das Wahrnehmen von Chancen, immer wieder in unserer Zivilisation zurück zum Menschen zu kommen.

15.
Sigurd Martin Daecke
Virtuelle Realität als theologisches und ethisches Problem

Der Schriftsteller Herbert Achternbusch erklärte in einem Interview mit der Süddeutschen Zeitung: »Früher hat man Götter g'sagt, heute sagt man Internet.« Diese nebenbei dahingeworfene Bemerkung regt zu Fragen an: Das Internet als der Gott unserer Postmoderne, die Online-Dienste wie CompuServe als die neuen Priester, die Internet-Cafés als deren Kirchen, der Cyberspace als die neue Schöpfung dieses Gottes, eine virtuelle Welt als die scheinbar wahrere Wirklichkeit? An was du dein Herz hängst, das ist dein Gott – oder auch Abgott, meinte Luther. Und an was hängen junge Menschen heute mehr ihr Herz, was fasziniert sie mehr? Ist also das Internet der neue Gott des digitalen Zeitalters – so weltumgreifend, so allgegenwärtig, so allmächtig, wie es nur Gott sein kann? Und ist die Schöpfung dieses Gottes, der Cyberspace, die virtuelle, die potentielle neue Welt, besser als die des alten Gottes? »Die virtuelle Welt ist meine Schöpfung«, erklärte ein Filmemacher in einer Fernsehdokumentation. »Ich habe den Status von Gott«.

1. Revolution durch Information und Kommunikation

Mit den neuen Informations- und Kommunikations-Medien hat eine technische Revolution begonnen, die unsere Welt mehr verändern wird als die bisherigen Umwälzungen und die unser Leben tiefgreifend umgestalten kann. Die »Multimedia«-Frage geht jeden einzelnen an: Fast jeder benutzt ja die neuen Informations- und Kommunikations-Technologien, wird aber auch ihre – positiven wie negativen – Folgen zu spüren bekommen in Gestalt von merkbaren Veränderungen in seinem Leben.

Deshalb sind diese Technologien heute der wichtigste Gegenstand eines Gesprächs der Geistes- mit den Natur- und Ingenieurwissenschaften. So stellen sich große Aufgaben nicht nur für die Hard- und Software-Spezialisten, sondern vor allem auch für die Human- und Sozialwissenschaften, für Philosophie, Theologie und Ethik, die gemeinsam mit den Ingenieuren und Informatikern die neuen

technischen Möglichkeiten lebensdienlich und sozialverträglich gestalten müssen. Nur interdisziplinär können wir uns dieser gewaltigen Herausforderung der Jahrtausendwende stellen. Sonst wird die vervielfachte Information nicht zu einer echten Kommunikation führen.
Vor allem die Ethik kann zu einer Neuorientierung in dieser unübersichtlichen, verwirrenden Lage verhelfen. Denn wir müssen den Anforderungen durch die neuen Technologien gewachsen sein, damit sie sich zu unserem Nutzen auswirken. Das bereits angebrochene Informations- oder Digitalzeitalter wird radikale Revolutionen, umwälzende Veränderungen der persönlichen und gesellschaftlichen Verhältnisse mit sich bringen, wie uns die Digital-Gurus Bill Gates und Nicholas Negroponte prophezeien.[1] Auch Visionen, die sich vielleicht als Illusionen herausstellen, wie wohl manches bei diesen Internet-Propheten, müssen wir ernstnehmen.

1.1. Information als Manipulation

Das Internet mit seinen Infobahnen wird uns mit Informationen in einem Ausmaß versorgen, wie wir uns das heute noch nicht vorstellen können. Ganz neue Fragen kommen auf uns zu: Wie bewältigen wir die Überfütterung und Überflutung mit Informationen, mit welchen Mitteln und nach welchen Kriterien können wir eine Auswahl daraus treffen? Bleibt uns bei der Überfülle der Informationen überhaupt noch Zeit, produktiv mit ihnen umzugehen? Wir brauchen Kriterien und Normen für die Selektion der Information (vgl. Walter Oberschelp: Anthropologische Fragen zu vernetzten Informationssystemen, S. 81–85 in diesem Band).
Doch es geht nicht nur um die Quantität, sondern auch um die Qualität der Information. Neben das Problem der Selektion der Informationen tritt dasjenige ihrer Authentizität. Auch dieses Problem der Authentizität der Information ist bisher nicht befriedigend gelöst worden. Ist das, was ich aus dem Netz heraushole, authentisch, ist es wirklich wahr – oder aber ist es falsch, vielleicht sogar gefälscht?
Durch die scheinbare Gleichwertigkeit und grenzenlose Beliebigkeit all der unzähligen Informationen im Internet sind der totalen Manipulation, der subtilen Infiltration und der raffinierten Indoktrination Tür und Tor weit geöffnet – weit mehr noch, als es heute

1 Bill Gates, Der Weg nach vorn. Die Zukunft der Informationsgesellschaft, Hamburg 1995; Nicholas Negroponte, Total digital (Being digital). Die Welt zwischen 0 und 1, oder: Die Zukunft der Kommunikation, München 1995.

schon bei den etablierten Medien wie Fernsehen und Video durch die Macht der Medienmoguln möglich ist. Die politische Verführung ist ebenso gefährlich wie die visuelle. Die Schleusen für die Fluten jedweder Information wie auch Desinformation sind durch das World Wide Web wirklich weltweit geöffnet worden, und die Wellen schlagen über jedem Netz-Surfer zusammen, der sich darauf wagt. Das ist Pluralismus pur – und wo sind die Kriterien für die Auswahl, für die kritische Prüfung und für die Wertung der Informationen? Für die Wertung fehlen uns die Werte. Noch gibt es keine Ethik, die solche Normen setzen könnte. Und – kann es sie überhaupt geben?

Aber die Fragen nach der Authentizität, nach der Echtheit und nach der Wahrheit sind nicht nur ethische Fragen, weisen nicht nur auf moralische Probleme hin: Dahinter steckt die eigentliche Frage nach der Wirklichkeit der virtuellen Realität, nach dem Realitätscharakter und dem Realitätsgehalt der Informationen, vom Pressefoto und Filmbericht bis zum Cyberspace.

1.2 Polarisation durch Information

Die neuen Informations-Technologien und Kommunikations-Medien werden ferner die Polarisierung in Habende und Nichthabende, in Wissende und Nichtwissende, in Informierte und Nichtinformierte noch beschleunigen, den Gegensatz von Reich und Arm – sowohl bei einzelnen als auch bei Ländern –, aber auch zwischen Jung und Alt immer größer werden lassen. Es entsteht die Zweiklassengesellschaft der Verkabelten und der nicht Verkabelten, der ans Internet Angeschlossenen einerseits und der von allen Informationen Ausgeschlossenen andererseits – sowohl die Polarisierung innerhalb unserer europäischen Gesellschaften und sogar Wissenschaften als auch der Gegensatz zwischen den verkabelten Industrienationen und den Entwicklungsländern, die keinen Zugriff aufs Netz haben und informationell abgehängt werden – vielleicht mit Ausnahme einiger asiatischer Länder. Die Verbesserung der Information kann also zur Polarisation führen zwischen den »Usern« und denen, die aus finanziellen und intellektuellen, aus politischen, sozialen und Alters-Gründen vom Gebrauch der Medien und Technologien ausgeschlossen sind. Wie ist diese Polarisation ethisch zu bewältigen, oder könnte ethische Reflexion und Orientierung sogar dazu helfen, sie zu verhindern, das Auseinanderbrechen der Gesellschaft, das Auseinanderdriften der durch das veränderte Informationsangebot Begünstigten und der Benachteiligten zu verhüten?

Die Informationstechniken sollen nun zugleich Kommunikationstechniken sein – aber die Kommunikation ist ebenso problematisch wie die Information.

1.3 Isolation durch Kommunikation

Neben der Manipulation – u.a. durch Überinformation und Desinformation – sowie der Polarisierung durch die unterschiedliche Quantität und Qualität der Information ist die dritte Gefahr der neuen Medien diejenige, daß die Kommunikationstechnik letztlich zum Gegenteil von Kommunikation, nämlich zur Isolation führen könnte. Dient all das, was man heute als Kommunikationsmedien bezeichnet, überhaupt der zwischenmenschlichen Kommunikation, oder wird diese nicht vielmehr dadurch gerade verhindert, zerstört? Das Programm der totalen Information und Kommunikation lautet zwar: Jeder ist jederzeit und überall vernetzt, und darum ist jeder jederzeit an jedem Ort für jeden erreichbar. Aber der Wert der ständigen Erreichbarkeit wird zum Unwert und muß mit Gegentechniken neutralisiert werden. Was Erleichterung für den Menschen sein sollte, wird zu seiner Bedrohung, und so sucht und findet die Technik Auswege aus dieser Zwangskommunikation, der sie selber uns ausgeliefert hat.

Wenn etwa die Kommunikation zwischen Lehrern und Schülern, zwischen Gesprächs- und Geschäftspartnern sich nur noch technisch via Programm und Bildschirm ereignet, dann tritt an die Stelle der Kommunikation die Isolation, die Vereinzelung. Nur wenn wir die Zeit, die wir durch die neuen Medien gewinnen, zur Pflege der nicht indirekten, sondern individuellen Kommunikation verwenden, statt damit Geld und Stellen einzusparen, können wir die Isolation vermeiden, in die eine Kommunikation fährt, die sich nur technisch über Apparate und Breitbandkabel vollzieht. Kommunikation in der virtuellen Welt bleibt eben auch bloß virtuell, wird nicht zur persönlichen, leibhaften Kommunikation.

Sobald die Kommunikation via Computer alle unmittelbaren Kommunikationsweisen verdrängt und Suchtcharakter annimmt – in den Niederlanden soll sich ein Internet-süchtiger Mann bereits an eine Drogenberatungsstelle gewandt haben –, ist sie Symptom einer Kommunikationsstörung. Wir brauchen eine neue Ethik der Kommunikation, weil nur mit deren Hilfe die Technik eine wirkliche Kommunikation, statt sie zu verhindern, ermöglichen und sogar erweitern kann.

»E-mail schafft eine neue Kommunikationskultur«, antwortete ein bekannter Betriebswirtschaftler kürzlich einem BWL-Studenten, der ihm an seine e-mail-Adresse geschrieben hatte, die im Vorwort seines neuen Buches stand. E-mail ermöglicht einen Gedankenaustausch, der mit der Post, aber auch per Telefon niemals stattgefunden hätte, eröffnet eine neue Dimension von Kommunikation zwischen Lehrern und Schülern, zwischen Kollegen und Geschäftspartnern, zwischen Freunden und Verwandten in aller Welt – und die Antwort kommt in wenigen Stunden, ja Minuten. Mit den neuen Kommunikationsweisen hat die Technik in der Tat eine neue Kommunikationskultur eröffnet – und wenn e-mail an die Stelle von Telefonaten tritt, auch eine neue Schreibkultur.

1.4 Globalisierung durch Vernetzung

Die globale Vernetzung könnte andererseits in Zukunft aber auch ungeheure soziale und damit auch politische Probleme durch Arbeitsveränderung und Arbeitsplatzabbau von noch nie gekanntem Ausmaß hervorrufen. Denn Entfernungen spielen in einer vernetzten Welt keine Rolle mehr: Die Wege ins Nachbarhaus und rund um die Erde sind gleich kurz. Wir leben – mit dem Begriff Marshall McLuhans – im »globalen Dorf«. Doch nicht nur die Verteilung der Arbeit wird künftig global geschehen – auch die Kommunikation in unserer Freizeit wird nicht mehr auf den engen Kreis unserer persönlichen Bekanntschaften beschränkt bleiben, sondern über die Netzwerke weltumspannend sein. Auch hier reichen die gewohnten Kriterien für die Begründung von Freundschaft nicht mehr aus, weil die Begegnung nur virtuell im Cyberspace stattfindet. Die Vernetzung der Welt hat eine weltweite Umverteilung von Kommunikation, Information und Arbeit, damit aber auch von Wohlstand, von Macht und Einfluß zur Folge. Das wird einerseits zu tiefgreifenden sozialen und politischen, auch geistigen und seelischen Krisen führen, aber andererseits – jetzt noch unabsehbare – neue Möglichkeiten für Mensch und Gesellschaft, für eine vemetzte Welt eröffnen.

2. Planetisation und Totalisation der Menschheit

Bereits vor einem halben Jahrhundert hat Pierre Teilhard de Chardin den Begriff des Netzes gebraucht, natürlich noch nicht in dem heutigen technischen Sinne. In seinem Aufsatz »Die menschliche Planetisation« schrieb er: »Um uns herum vermehrt die denkende Hülle der Erde – die Noosphäre – ihre inneren Fasern greifbar und stofflich. Sie zieht ihre Netze zusammen … In Form der menschlichen Kollektivisation setzt wirklich die Super-Organisation der Materie in sich selbst ihren Weg nach vorn weiter fort ... Eine ... zugleich äußere und innere ›Planetisation‹ der Menschheit ..., dorthin gehen wir unausweichlich unter dem wachsenden Zwang der sozialen Determinismen.«[2] So hatte es Teilhard vor etwa fünfzig Jahren schon visionär vorausgesehen. Dieser, so schrieb er, »endgültige, globale Zusammenschluß«[3] aller denkenden Lebewesen, diese – mit seinen anderen Begriffen – Sozialisation, Totalisation, Kollektivisation der Menschheit, ihre Einswerdung und Vereinheitlichung auch im Bewußtsein, ist begründet in »einem so hohen Grad peripherischen Kontaktes oder gegenseitiger wirtschaftlicher Abhängigkeit oder auch psychischer Gemeinsamkeit«, daß die Völker »nur noch in wechselseitigem Durchdringen wachsen können.«[4] Damals, vor fünfzig Jahren, war das eine Vision – heute ist der Erdball tatsächlich vernetzt.

Wir müssen aufgrund dieser internationalen Durchdringung, wie schon Teilhard es nannte, nicht nur unsere Arbeitsplätze, sondern auch unsere nationale, kulturelle, religiöse und konfessionelle Homogenität opfern zugunsten einer solidarischen, multikulturellen und interreligiösen Öffnung aller Menschen zueinander, denn nicht nur die Arbeitsplätze sind miteinander vemetzt, sondern auch die Kulturen und Religionen.

Durch beide Weisen der Mobilität, durch die physische wie auch durch die geistige, sowohl durch Geschäfts- und Urlaubs-Reisen als auch durch Kommunikation per Netzwerk, begegnen sich die Nationen, Kulturen und Religionen. Das kann sowohl zur Konfrontation führen, wie wir es auch hier bei uns leider immer wieder erleben – etwa mit ausländerfeindlichen Aktionen – als auch zur gegenseitigen Öffnung und Durchdringung, was jedoch nicht Verschmelzung heißen muß. Jedenfalls führt die Kommunikation durch die neuen Medien zur Begegnung mit Menschen aller Kulturen und Religionen, führt die Information zur besseren Kenntnis dieser Menschen, ihres Denkens und Fühlens.

Schon Teilhard wußte, daß auf dem Wege zu dieser Vereinigung viele Spaltungen entstehen. Auf dem Weg zur vollkommenen Kommunikation kann es also auch zur Isolation kommen, auf dem Weg zur Planetisation und Totalisation auch zu Polarisationen. Unsere ethische Aufgabe angesichts der ständig wachsenden Mobilität

2 Pierre Teilhard de Chardin, Die Zukunft des Menschen (Werke V), Olten/Freiburg 1963, 177.

3 Pierre Teilhard de Chardin, Die Entstehung des Menschen, München 1961, 87.

4 Pierre Teilhard de Chardin, Der Mensch im Kosmos, München 1959, 245.

besteht darin, Manipulation und Desinformation, Isolation und Polarisation zu vermeiden und zu überwinden. Die moralischen Probleme der Daten-Mobilität, die Risiken der Informationsgesellschaft und die Bedrohungen durch ihre Technologien dürfen aber kein Grund sein, sich den neuen Entwicklungen grundsätzlich zu verweigern. Als technikfeindliche Totalverweigerer würden wir nämlich im Polarisationsprozeß nicht nur sofort auf die Verliererseite gespült werden, sondern wir würden vor allem unsere ethische Aufgabe verfehlen, wir würden unserer moralischen Verantwortung nicht gerecht werden.

Aber wir dürfen andererseits auch nicht technokratisch und technologiegläubig die Risiken leugnen, wir dürfen die Warnungen nicht in den Wind schlagen und die ethischen Probleme nicht verharmlosen. Denn dann würden wir den Gefahren erliegen, dann würden wir in der Flut der Informationen ertrinken, dann würden uns die Kommunikations-Techniken endgültig in die Isolation treiben, dann würde die Gesellschaft polarisiert, unheilbar gespalten. Nur wenn wir die ethischen Probleme der multimedialen Mobilität ernstnehmen, können wir sie lösen. Nur wenn wir die Gefahren kennen und sie vermeiden, werden wir auf den Datenautobahnen nicht verunglücken, nur dann werden wir nicht im Stau steckenbleiben, sondern das Ziel unserer Reise in die Zukunft erreichen.

3. Verwirklichung durch virtuelle Realität?

Alle bisherige Ethik war auf unsere »natürliche« Welt bezogen. Bereits die künstliche Welt der Technik war ein – bis heute immer noch nicht ganz bewältigtes – Neuland für die Ethik. Doch für die dringend notwendige ethische Orientierung in der *virtuellen Realität* gibt es überhaupt noch keine Ansätze. Dabei sind im *Cyberspace* Wegweiser, Richtungsschilder, Orientierungshilfen dringend notwendig. Denn im *Cyberspace* befinden wir uns in artifiziellen, nicht real vorhandenen Welten. Wir bewegen uns nicht mehr nur, ja immer weniger, im realen Raum, auf den Betonautobahnen, sondern auf den Datenautobahnen in einem künstlichen, in einem artifiziellen Raum, einem digitalen Konstrukt. Was ist das für eine Wirklichkeit, in der wir uns da bewegen, was für eine Realität, in der die multimediale Mobilität nicht nur stattfindet, sondern die durch diese Mobilität erst geschaffen wird? Und wie verhält sie sich zu unserer »natürlichen« Wirklichkeit? Welche Beziehung besteht zwischen dieser vom Menschen geschaffenen Welt und derjenigen, die der Christ als Schöpfung Gottes versteht?

Die Informations- und Kommunikations-Technologien, die unser Leben mehr und mehr bestimmen und verändern werden, sind also eine Herausforderung nicht nur für die Ethik, sondern auch für das philosophische und theologische Wirklichkeitsverständnis. *Die künstliche Wirklicbkeit,* die die neuen Technologien uns erschaffen, der wir aber geistig und moralisch noch nicht gewachsen sind, stellt nicht nur ethische Fragen, sondern bedeutet auch ein ontologisches Problem, stellt also die Frage nach der Wirklichkeit schlechthin.

Es geht also nicht nur um unseren Umgang mit der Information, nicht nur um unser Verhalten angesichts neuer Weisen von Kommunikation, nicht nur um neue Normen für unser Tun und unser Handeln. Vielmehr steht unser gesamtes Sein in dieser Wirklichkeit auf dem Spiel, wenn wir uns in der neuen »virtuellen Realität« verlieren und verlaufen, uns im »Cyberspace« verirren.

Die hier gebrauchten Begriffe sind im deutschsprachigen Raum geradezu modisch gewordene Neologismen, aber auch in ihrem Herkunftsland USA noch relativ jung: »Artificial Reality« ist der Titel eines 1983 erschienenen Buches des Computerkünstlers Myron W. Krueger, der diese Wortschöpfung schon seit den 70er Jahren ins Gespräch gebracht hatte. Ein Jahr später, 1984, schuf der Science-Fiction-Autor William Gibson in seinem Roman »Neuromancer« den Begriff »Cyberspace«, dem dann 1989 durch Jaron Lanier, einen VR-Pionier, geprägt, der Terminus»Virtual Reality« folgte.[5]

Die »künstliche Wirklichkeit«, wie sie schon seit den 70er Jahren von Myron W. Krueger entwickelt wurde, war in ihrem Ursprung ein Konzept der Computer- und Videokunst, eine interaktive Form der Kunst-Installation, eine durch technische Apparaturen künstlerisch gestaltete *Umwelt* (environment) und ist auch heute noch ein Projekt der bildenden Kunst. Auch die »virtuelle Wirklichkeit«, der Cyberspace, ist weithin für die dreidimensionale Erweiterung der Computer- und Videospiele, für *Entertainment* bestimmt.

Und so, wie bereits die Welt der Computer- und Videospiele eine »künstliche«, eine »virtuelle« Realität ist, so war das auch schon, lange vor dem Cyberspace im engeren Sinne, die vom Fernsehen geschaffene Welt. So neu ist die »künstliche Wirklichkeit« also gar nicht. Für viele Menschen ist die künstliche Welt der Fernsehserien

5 Myron W. Krueger, Artificial Reality 11, Reading 1991; Steve Aukstakalnis und David Blatner, Cyberspace. Die Entdeckung künstlicher Welten, Köln 1994 (Silicon Mirage, The Art and Science of Virtual Reality, 1992); Benjamin Woolley, Die Wirklichkeit der virtuellen Welten, Basel/Boston/Berlin 1994 (Virtual Worlds, Oxford 1992).

bereits realer als ihre natürliche Umgebung. Serienhelden werden im normalen Leben mit ihrer Fernsehrolle identifiziert. Die Wirklichkeit auf der Mattscheibe wird zum Maßstab der Welt draußen hinter der Fensterscheibe. Was wirklich, was richtig zu sein hat, bestimmt das Fernsehen.

Zwar sitze ich dem Bildschirm gegenüber, und der künstlichen Fernseh-Welt kann ich mich mit Hilfe der Fernbedienung entziehen. Dennoch wird unser Bild von der Welt durch die künstlich hergestellte Welt auf dem Bildschirm geprägt, wird das Bild der realen Welt von der artifiziellen verdeckt. Das Fernsehen manipuliert uns dazu, die wirkliche Welt immer mehr aus der Perspektive der künstlichen Bildschirm-Welt zu sehen. Bei der Fernseh-Werbung ist das sogar beabsichtigt und ihr einziger Zweck. Unser Lebensstil, unser Verhalten, unser Outfit werden dadurch geprägt. Wir legen die Fernsehwelt-Maßstäbe an die wirkliche Welt an, die künstliche Welt wird zum Kriterium der realen Wirklichkeit. Wenn – wie eine Untersuchung gezeigt hat – sogar Kinder, die täglich lebendige Kühe sehen, bei der Aufgabe, eine Kuh zu malen, dies vorwiegend in Milka-Lila tun, so zeigt sich, daß bereits die künstliche Realität des bloßen Fernsehens über die »wirkliche Wirklichkeit« dominiert. Schon die Schöpfer unserer alltäglichen künstlichen Welten verwirren den Realitätssinn des Fernsehkonsumenten. Die artifizielle Wirklichkeit bemächtigt sich mehr und mehr der realen, sie wird wirklicher als diese. Wir müssen uns bereits heute dagegen wehren, Geschöpfe dieser Schöpfer einer synthetischen Welt zu werden.

Im gewöhnlichen Fernsehen wurde dem Laien auch der Übergang von dieser – uns bereits vertrauten – künstlichen Wirklichkeit zur *virtuellen Realität* im neuen und engeren Sinne demonstriert: ein Fernsehmagazin, bei dem man sich im leeren Studio der »virtuellen Realität« bediente. Der ahnungslose Zuschauer wurde bei der ersten Produktion dieser Art desillusioniert durch einen Blick hinter die nicht vorhandenen Kulissen. Gezeigt wurde ein Kasten mit der Aufschrift »Reality Machine«, Wirklichkeitsmaschine. Die Wirklichkeit wird also maschinell produziert, die Realität kommt aus dem Kasten. Aber die Wirklichkeit ist nicht mehr wirklich. Was der Zuschauer sieht, ist virtuell, der Moderator steht im leeren Raum.

Doch ich kann mich nicht nur in künstliche Räume versetzen, sondern neben dem Raum auch die Zeit überwinden, indem ich mich in alte historische Filme hineinbegebe und mich zu Gestalten der Vergangenheit geselle. Neben weiteren Anwendungen in der Film- und Videoproduktion sowie bei Kunst-Installationen gibt es bereits auch wirtschaftlichen und wissenschaftlichen Gebrauch für die virtuelle Realität, etwa Simulatoren für Flug und Fahrschüler. Architekten können durch Häuser und Räume gehen, die erst in ihrem Kopf existieren, und Chirurgen Operationen an virtuellen Patienten erproben.

Aber worin besteht die technische – und auch künstlerische – Grundlage aller solcher Anwendungen, was ist *Virtual Reality,* was ist *Cyberspace? »VIU«* – so die gebräuchliche Abkürzung – wird etwa definiert als »eine vom Computer geschaffene, interaktive, dreidimensionale Umwelt (environment), in die eine Person eintaucht« und die auf menschliche Eingriffe reagiert, wobei die »Umwelt ... nur im Speicher eines Computers« existiert und die Interaktion mit Hilfe von Werkzeugen der VR wie des Monitorhelms und der Datenhandschuhe geschieht. Die künstliche, virtuelle Realität ist eine »graphische Welt«, deren Antworten auf die Beziehung des Menschen zu ihr »die Illusion erzeugen, daß seine Handlungen in dieser Welt stattfinden.«[6] Auch »Cyberspace« ist ein Name für die vom Computer geschaffene künstliche »Umwelt«, wobei hier gemeint ist, daß diese zugleich von vielen Menschen »besucht« werden, daß sie mehrere Benutzer, Computer und Datenmengen umfassen kann. Das Handeln von Mensch und Maschine berührt sich an »Schnittstellen«, und die virtuelle Realität ist die bisher vollkommenste dieser Schnittstellen in Mensch-Maschine-Systemen.

Als technisches (und künstlerisches) Produkt teilt die virtuelle Realität die Ambivalenz aller Technik. Um der genannten Anwendungsgebiete willen, auf denen sie in Zukunft sehr hilfreich sein könnte, ist die Forschung und Entwicklung auf diesem Sektor ganz sicher berechtigt. Die virtuelle Realität ist vielleicht die vollkommenste Synthese von Naturwissenschaft, Technik und Kunst, aber sie ist von deren anderen Produkten qualitativ nicht unterschieden. Die Ingenieure und Informatiker, die am Projekt Virtuelle Realität arbeiten, belächeln die ausufernden Phantasien der Feuilletonisten und Essayisten, die bisweilen Science-Fiction-artige skurrile Blüten treiben.[7] Denn den Informatikern und Technikern geht es bei der virtuellen Realität nicht um Ausflüge in andere Wirklichkeiten, sondern ganz konkret um die Vervollkommnung von Mensch-Maschine-Systemen und Mensch-Maschine-Schnittstellen, um Simulationen mit dem Ziel größerer Sicherheit beim Betrieb von Autos und Flugzeugen oder etwa bei Operationen.

6 M. Krueger, Artificial Reality 11, 268.

7 Vgl. etwa: M. Waffender (Hg.), Cyberspace – Ausflüge in virtuelle Wirklichkeiten, Reinbek 1991.

Die Gefahren und fragwürdigen, bedrohlichen Aspekte der Entwicklung von virtueller Realität bestehen aber nicht nur in deren auch militärischen Anwendungen, sondern im vorerst wohl häufigsten Gebrauch, dem *Entertainment.* Durch halluzinationsähnliche Erfahrungen im Cyberspace könnte die virtuelle Realität als psychedelische Droge zur Flucht aus der realen Wirklichkeit mißbraucht werden.

Auch wenn man nicht B. Woolleys Darstellung folgt, die die Geschichte der virtuellen Realität Anfang der 70er Jahre im Kontext der kalifornischen Subkultur, Timothy Learys psychedelischer Revolution und LSD beginnen läßt (19ff), so kann die virtuelle Realität doch selber zu einer Art Droge werden und dazu führen, daß die Differenz zwischen echter und künstlicher Wirklichkeit verschwimmt, daß wir aus der vorhandenen in die virtuelle Realität fliehen, die sich als scheinbar bessere Alternative zur realen Welt empfiehlt, daß wir uns in dieser Scheinwirklichkeit einrichten und dadurch den für unsere Aufgaben in dieser Welt notwendigen Wirklichkeitsbezug verlieren.

»Die Schönheit und Klarheit der virtuellen Welt übt einen Sog aus auf den Menschen«, meint der Schweizer Theologe Hans Weder. »Die Folge ist die zunehmende mentale Weltflucht, und diese Weltflucht führt ihrerseits dazu, daß man die Angelegenheiten der wirklichen Welt sich selbst überläßt. Und je problematischer demzufolge die Verhältnisse der wirklichen Welt werden, desto stärker ist der Sog der Weltflucht, der von der virtuellen Realität ausgeht.«[8]

Hans Weder weist ferner darauf hin, daß der Mensch sich in dieser selbstgemachten Wirklichkeit nur selbst begegnet, in ihr nichts Fremdes erfährt, sondern in der Selbsterfahrung steckenbleibt. Das »Problem der simulierten Welt besteht also genau darin, daß der Mensch in ihr kein Gegenüber findet, sondern immer nur der eigenen informatischen Phantasie begegnen muß ... Die virtuelle Wirklichkeit kann insofern begriffen werden als eine große Veranstaltung, in welcher der Mensch an sich selbst ausgeliefert wird, weil er auf nichts mehr stößt, was nicht sein eigenes Produkt wäre und deshalb das Gepräge seines eigenen Wesens trüge.«

Weltflucht und Selbstbezogenheit gehören zusammen: Die Flucht aus der realen Welt in die virtuelle Realität, in den Cyberspace, führt in die Gefangenschaft im eigenen Selbst: »Konnte man seinen Individualismus besser ausdrücken als durch die Erschaffung einer

8 Hans Weder, Virtual Reality. Bemerkungen aus neutestamentlich-theologischer Sicht, Vortragsmanuskript 1996.

eigenen, individuellen Realität? Befähigt durch den Personalcomputer, befreit durch die virtuelle Realität, wird das Individuum zum Gott seines eigenen Universums. Der Anblick eines Menschen mit Datenhelm und Datenhandschuh ist die Verkörperung der solipsistischen Selbstversunkenheit schlechthin; seine Bewegungen und Gesten sind für andere außerhalb bedeutungslos«, schreibt B. Woolley (18), ohne daß er das kritisch meint.
Wenn die virtuelle Welt des Cyberspace als eine bessere Alternative zur realen Welt erscheint, in die man aus dieser fliehen könnte, so ist die Wahrnehmung der Welt ungewiß geworden. Was ist nun eigentlich die wirklichere Wirklichkeit, die physische oder die digitale, die »natürliche« Außenwelt oder der Cyberspace? Der Sozialphilosoph Niklas Luhmann sieht in seinem neuesten Buch »Die Kunst der Gesellschaft« (Frankfurt 1995) als Folge der »Möglichkeit, quasi folgenlos zwischen realen und artifiziell erzeugten Realitäten hin und her zu pendeln«, daß »auch die Normalität eine Konstruktion ist und das Schema natürlich/unnatürlich nicht mehr verwendet werden kann« und man sich fragen müsse, »ob und wie dann überhaupt noch ein Ordnungsvorrang bestimmter Strukturen begründet werden kann. Der Name ›virtual reality‹ begünstigt den Irrtum, daß es trotzdem noch eine wirkliche Realität gebe, die mit der natürlichen Ausrüstung des Menschen zu erfassen sei, während es längst schon darum geht, diese natürliche Ausrüstung als nur einen Fall unter vielen möglichen zu erweisen« (243). Das heißt: Durch die digitale Erzeugung neuer Welten und neuer Wahmehmungsmöglichkeiten von Wirklichkeit wird die herkömmliche, sogenannte normale, Wahrnehmung von Realität zu einem Fall unter vielen herabgestuft. Wir wissen nicht mehr, was wir als Realität wahrnehmen, welche Wirklichkeit die wirkliche, welche wirklicher ist. Die virtuelle Realität des Cyberspace ist zu einer gleichrangigen Alternative der Wirklichkeitswahrnehmung geworden. »Je perfekter die Simulation der virtuellen Welt sein wird, desto weniger wird es dem Menschen gelingen, das Virtuelle vom Realen zu unterscheiden. Es gibt schon jetzt Stimmen, die vor dieser elementaren Täuschung warnen« (Hans Weder, a.a.O.).

4. Cyberspace als neue Schöpfung?

»Die in der Schöpfungsgeschichte beschriebene Welt, geschaffen von geheimnisvollen kosmischen Kräften, war ein vergänglicher und gefährlicher Ort … Unser Erfolg war so vollständig, daß eine neue Welt, vom menschlichen Erfindungsgeist erschaffen, aufgetaucht ist – die ›künstliche Wirklichkeit‹« (Myron Krueger, a.a.O. I).

Ist diese virtuelle, digitale Schöpfung des Computermenschen eine Konkurrenz zur realen Schöpfung Gottes – oder gehört vielleicht die neue virtuelle Realität in den im Zuge der geistig-kulturellen Evolution weitergehenden göttlichen Schöpfungsprozeß hinein? Schafft Gott hier durch seinen Mitschöpfer, den Menschen, seine eigene Schöpfung digital weiter?

So ist die virtuelle Realität eine Herausforderung, nicht nur unser Weltbild zu erweitern, sondern auch unser Gottesbild. Es könnte heute auch dasjenige eines Schöpfers sein, der im evolutionären Prozeß durch die Naturwissenschaftler und Techniker neue Spielarten der Wirklichkeit immer noch erschafft, Wirklichkeitsformen, die die traditionelle Trennung zwischen materieller und geistiger, zwischen sichtbarer und unsichtbarer, zwischen realer und virtueller Wirklichkeit nicht mehr zulassen, keine Entgegensetzung von wirklich und künstlich, von göttlich und menschlich mehr erlauben.

Eine naheliegende Konsequenz aus dem Bild einer virtuellen Welt darf jedoch für das Gottesbild nicht gezogen werden: Gott ist keine virtuelle Realität, es gibt keinen »Cybergod«. Allerdings gab es das Bild einer virtuellen Gotteswirklichkeit, wenn auch unter anderem Namen, zumindest schon seit Feuerbach: die Behauptung einer nur scheinbaren Gotteswirklichkeit, eines vom Menschen erschaffenen Gottes.

Das ist das klassische Argument der Religionskritik, aber nicht das christliche Gottesbild. Zwar ist jedes Gottesbild als bloße Vorstellung in gewisser Weise virtuell – aber für den Glauben ist das Gottesbild das Bild einer Wirklichkeit, die nicht nur scheinbar, nicht nur virtuell existiert.

Der Mensch kann jedoch mit seinem Computer eine auch »geistige«, jedenfalls nicht physisch vorhandene, aber trotzdem sichtbare Realität erschaffen, die allerdings nicht göttlich, sondern menschlich, nicht absolut, sondern relativ ist, eine Wirklichkeit, die sich als angeblich bessere Alternative zur realen Welt anbieten könnte.

Oder aber ist etwa die virtuelle Realität gar keine andere, zweite, alternative Wirklichkeit? Zwar ist sie eine artifizielle, eine künstliche Welt. Aber gibt es für uns heute überhaupt noch eine nichtkünstliche, eine »natürliche« Wirklichkeit? Ist nicht die Wirklichkeit, die uns die Naturwissenschaft erschließt, trotz ihres Namens eine vom Menschen geprägte Wirklichkeit? Unsere gesamte technische Welt jedenfalls – was gibt es überhaupt noch außer ihr? – ist eine artifizielle Wirklichkeit. Und selbst unsere sogenannte Natur, die wir als Schöpfung Gottes bewahren wollen und müssen, ist ja nicht mehr ursprünglich, sondern gerade als Natur Produkt menschlicher Kultur – wie etwa die von Forstingenieuren gestalteten Wälder mit ihren schnurgeraden Baumreihen.

Ebenso ist auch die heute sogenannte virtuelle Realität, der Cyberspace, ja nichts anderes als ein technisches und auch künstlerisches, jedenfalls ein vom Menschen mittels einer Maschine hergestelltes Produkt, und auch die Interaktion mit ihr geschieht mittels einer Maschine. Dic »Artificial Reality« ist »die vollendetste Form der Interaktion von Mensch und Maschine« (Myron Krueger, VII) – aber eben auch nicht mehr als das. Der Cyberspace ist also keine neue, mit derjenigen Gottes konkurrierende oder sie gar überbietende Schöpfung, auch keine zweite oder alternative Wirklichkeit, in die man aus der »natürlichen« Welt fliehen könnte. Vielmehr ist sie ein künstlerisch gestaltetes Produkt der Informatik und Technik innerhalb der *einen* Wirklichkeit, die der Glaube Schöpfung Gottes nennt – also lediglich ein neuer Aspekt, eine neue Sicht dieser Wirklichkeit.

Wenn wir Geisteswissenschaftler im Gespräch mit den Natur- und Ingenieurwissenschaftlern ernstgenommen werden wollen, müssen wir auf dem Boden der Wissenschaft bleiben und dürfen nicht abheben in apokalyptische Visionen, wie wir sie in feuilletonistischen Betrachtungen der virtuellen Realität finden. Aber andererseits dürfen wir auch nicht in ahnungsloser Ruhe abwarten, wohin die technischen Entwicklungen laufen. Wenn die philosophischen, theologischen und ethischen Reflexionen hinter dem rasantem Fortschritt herhinken müssen, dann ist es zu spät. Deswegen müssen wir es riskieren, auch solche Entwicklungen gedanklich vorwegzunehmen, die lediglich möglich sind, und so dürfen wir wie Niklas Luhmann fragen, was für Folgen die virtuellen, artifiziell erzeugten Realitäten für die Wahrnehmung der mit der natürlichen Ausrüstung des Menschen erfaßbaren Wirklichkeit haben.

Wenn wir uns des Charakters dieser Realitäten und ihrer Unterschiede bewußt sind, wenn die virtuelle Realität für unsere Wahrnehmung virtuell bleibt, wenn sie für uns eine bloße Technik oder auch eine Kunst bleibt, dann können wir uns ihrer zu unserem Nutzen bedienen – so wie wir uns mit Filmen bedenkenlos unterhalten lassen können, solange sie für uns Fiktion bleiben und wir sie nicht mit unserer Lebenswirklichkeit verwechseln. Auch schon die moderne Kunst wollte ja nicht mehr bloße Abbildung der Wirklichkeit sein, sondern Erschaffung neuer, künstlicher Realität. So können wir beruhigt die virtuelle Realität wie ein Kunstwerk innerhalb derjenigen Wirklichkeit stehen lassen, die wir als Gottes Schöpfung verstehen. Und die menschlichen Schöpfer der virtuellen Realität dürfen wir gerne als Mitschöpfer anerkennen, wenn sie ihre technische Arbeit in Verantwortung vor Gott und der von ihm geschaffenen Wirklichkeit verstehen.

16.
Hermann Henssen
Zum Thema Zeit und Ewigkeit
Ein Gedankenspiel mit Dimensionen

Die Ewigkeit, von der in der Bibel die Rede ist, gehört zu den Dingen, die »höher sind als alle Vernunft«; wir können sie mit unseren Begriffsstrukturen nicht erfassen. Schon bald begreift man: Ewigkeit muß etwas ganz anderes sein als *unendliche Zeit*, so wie sie Physiker mit mathematischen Begriffen definieren können: ein Zeitraum, der immer noch länger ist als *jede* vorgebene, *jede* beziffferbare Zeitspanne. Ewigkeit muß eine ganz andere Dimension haben. Und damit bin ich schon bei dem Gedankenspiel, von dem hier die Rede sein soll. Ich habe es immer gerne gebraucht, um mir selbst ein – wenn auch unvollkommenes und unscharfes – Bild von Ewigkeit zu machen und anderen davon zu erzählen. Woher ich die Anregung dazu bekommen habe, was ich wo gelesen habe und wieviel ich selbst hinzugemacht habe, weiß ich nicht mehr. Die Idee wird vielleicht auch nicht neu sein. – Man möge es mir nachsehen, wenn hier von sehr ernsten Dingen in einer spielerischen, zum Teil lustig anmutenden Weise geredet wird. Ich denke, Gott ist so groß, er wird es lächelnd hinnehmen, denn bei aller Leichtigkeit der Gedanken ist es doch mit Ehrfurcht vor dem Letzten hingeschrieben.

Das Flachland – die Zeit ›von außen‹ gesehen

Man stelle sich vor, es gäbe ein flächenhaftes intelligentes Wesen, das in einer flächenhaften Welt lebt. Die Flachlandleute kennen und verstehen nur zwei räumliche Dimensionen, Länge und Breite, oder Breite und Höhe – wie man will. Dieses flache Universum ist schon eine kuriose Welt, wenn man es sich genauer überlegt. Sie ist nicht vergleichbar mit den flachen Fotografien unserer 3D-Welt, denn hier denken wir uns die fehlende dritte Dimension in der Vorstellung immer hinzu. Die Flachländer können z.B. ihre Hände nur oben über dem ›Kopf‹ zusammenbringen, und beim Gehen müssen sie immer erst ein ›Bein‹ vorsetzen und das andere dann nachziehen – was auch immer bei diesen Wesen ›Arm‹, ›Kopf‹ und ›Bein‹ bedeuten mag.

Um sich ein ›handliches‹ Bild davon zu machen, stelle man sich in dieser Welt alles extrem klein vor, so daß das ganze 2D-Universum etwa auf einer DIN-A4 Seite Platz hätte. Jede Momentaufnahme dieser Welt wäre dann so etwas wie eine ›hauchdünne‹ Folie von dieser Größe. Im nächsten Moment wäre der Zustand der Flachwelt etwas geändert, und man kann sich dafür eine etwas andere Folie denken – und immer so fort. Schließlich kann man sich die Weltzustände aller Zeiten der Flachwelt – alle Zustandsfolien – zeitlich geordnet ›aufeinander geklebt‹ denken. So ergibt sich ein hoher Stapel oder ein langer ›Balken‹ von DIN-A4-Größe im Querschnitt. Darin ist die ganze Weltgeschichte der Flachländer enthalten.

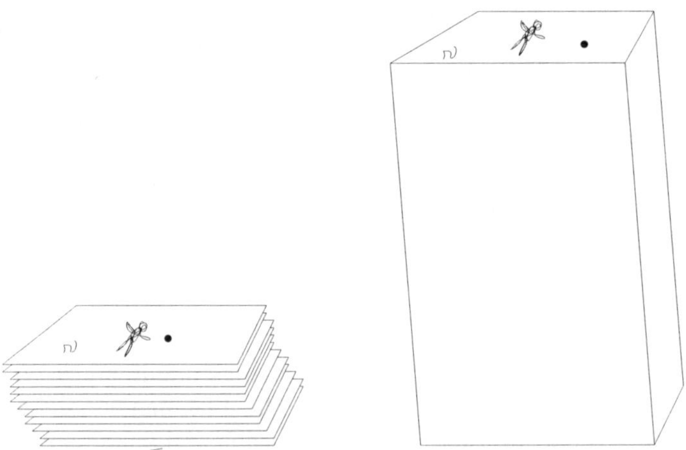

Die Flachländer selbst erleben davon immer nur einen Querschnitt, das ist ihre Gegenwart. Aber auf dieser Querschnittsfolie ist eine ›Erinnerung‹ eingeprägt von den Zuständen davor, von den Folien, die im Stapel ›darunter liegen‹. Das verstehen die Flachländer als ihre Vergangenheit, und sie haben auch eine Vorstellung davon, wie die Folien im Stapel darüber, ihre Zukunft, wohl aussehen könnten. Sie haben auch das Bewußtsein, daß bestimmte Wesen

auf diesen darüber oder darunter liegenden Folien mit ihnen selbst identisch sind. Eine dritte räumliche Dimension können sie sich nicht vorstellen, wenngleich die Flachlandphysiker festgestellt haben, daß einige ihrer Formeln sich besonders schön und einfach schreiben lassen, wenn man dabei die Zeit als eine Art dritter Dimension behandelt.
Nun könnte ein Gott in einer uns vertrauten 3D-Welt diese Flachwelt mit ihrer gesamten Weltgeschichte, den ganzen DIN-A4-Balken, vor sich haben. Er könnte sie mitsamt ihrer Geschichte in einem Stück geschaffen haben. Für ihn gibt es kein Vorher oder Nachher in dem Sinne, wie es die Flachländer verstehen. Für ihn sind alle Zeiten der Flachwelt gleich präsent. Wenn es für diesen Gott dennoch eine Zeit gibt – ein Vorher oder Nachher –, hat sie jedenfalls mit der Flachweltzeit nichts zu tun. Sie muß von einer ganz anderen Art, eine ganz andere Dimension sein. Für Flachländer ist es die ›Ewigkeit‹.
Noch mehr läßt sich in diesem Bild deuten: Wenn ein Flachländer am Ende seiner Lebenszeit als Identitätsmuster aus dem Folienstapel verschwindet, könnte ihm außerhalb der Flachwelt sozusagen eine dritte räumliche Dimension verliehen werden. Dann nimmt auch er an dieser Ewigkeit teil, kann in ihr denken. Von dort aus gesehen ist die Frage müßig, ob er gleich nach seinem Tode in der ›Überwelt‹ aufersteht oder ob erst bis zum jüngsten Tag – dem Ende des Welten-Balkens – darauf warten muß. Aus der ›Ewigkeit‹ gesehen macht das für ihn keinen Unterschied.

Ist die Zukunft offen oder vorherbestimmt?

Man kann den Faden noch ein wenig weiter spinnen und stelle sich vor, die Flachwelt sei so geschaffen, daß ihre einzelnen Zeitzustände, die Inhalte der Folien, durch bestimmte Gesetzmäßigkeiten miteinander verknüpft seien, welche die Flachländer nach und nach als Naturgesetze entdecken. Sie mögen heiß darüber diskutieren, ob die Naturgesetze den Ablauf ihrer Weltengeschichte streng determinieren oder nicht, ob mit der Anfangsfolie zusammen mit allen Gesetzen schon der ganze Flachland-Weltenbalken festgelegt ist. Im Grunde ist es gar nicht so wichtig. Denn auch ein streng determininiertes Weltgeschehen könnten sie nie vorherberechnen, weil sie den augenblicklichen Zustand ihrer Welt nie genau und vollständig genug vermessen können. Und aus Ewigkeitperspektiven gesehen hat ihr Gott ohnehin die ganze Weltgeschichte in einem Stück geschaffen, determiniert oder undeterminiert. Das ist etwa so, wie wenn ein Musiker entweder eine streng durchkomponierte Fuge schreibt oder eine romantische Fantasie.

Zurück zu unserer Welt mit den vertrauten drei Raumdimensionen. Die moderne Physik hat uns von dem Zwang befreit, das Weltgeschenen als vorherbestimmt denken zu müssen. Aber es ist unter den Physikern noch nicht ausgemacht, ob die Quantentheorie bei entsprechender Interpretation nicht doch mit einem deterministischen Ablauf der Welt verträglich ist. Für die physikalische Modellierung der Wirklichkeit ist es jedenfalls sinvoll, die Zukunft als offen zu beschreiben; denn selbst wenn man einen Determinismus annimmt, bleibt er für immer verborgen und wird für Menschen nie feststellbar und nutzbar sein.

Unser Erleben umfaßt aber mehr als die reproduzierbaren naturwissenschaftlichen Beobachtungen. Vielleicht läßt sich das Leben in seiner Ganzheit nur deuten, wenn wir die von der Physik offengelassene Frage durch zwei Bilder beantworten, die in widersprüchlicher Spannung zueinander stehen, einer vorherbestimmten und zugleich einer offenen, gestaltbaren Zukunft. Die Bibel weiß von beidem, vom unerforschlichen Plan des allmächtigen Gottes und von der Verantwortung der Menschen für die Gestaltung ihrer Zukunft.

Göttliche und physikalischen Dimensionen

Dadurch daß wir von Gott und göttlichen Dingen in Dimensionen jenseits der uns vertrauten Raumzeit reden, werden sie für uns immer noch nicht vorstellbar, aber immerhin als Wirklichkeiten denkbar. Sind diese Dimensionen gleichzusetzen mit mathematisch-physikalisch definierbaren Weltkoordinaten höherer Ordnung? Ja und nein. Ja, denn es geht um die eine Welt, in der wir leben. Nein, denn mit physikalischen Methoden werden wir nie diese Wirklichkeiten erfassen und beschreiben können und sollten es auch gar nicht erst versuchen.

Die Analogie der Flachwelt zu unserer Welt und ihrem Verhältnis zur Ewigkeit hat ihre Grenzen. Dennoch öffnet sie den Blick für Seinsmöglichkeiten, die wir nie als objektive Gegebenheiten begreifen und uns auch nicht wirklich vorstellen können, die es dennoch geben kann.

Endzeitliche Perspektiven

In solchen Dimensionen ist genug Platz für den »neuen Himmel und eine neue Erde«, während unsere alte Welt in ihrem ›Zeitbalken‹ dem langweiligen Wärmetod entgegendämmert. Auch die eschatologischen Aussagen der Bibel, die spannungsvolle Botschaft, daß das Reich Gottes schon jetzt angebrochen ist, aber wir auf sein Erscheinen in Vollkommenheit noch warten, lassen sich im Bild der Dimensionen deuten und uns näher bringen. Es ist, wie wenn diese Neue Welt, das Reich Gottes – der Theologe Paul Tillich nennt es die ›neue Wirklichkeit‹ –, mit ihren uns unfaßbaren höheren Dimensionen gleichzeitig die wenigen Dimensionen unserer Welt durchdringt. Weil wir sie aber stets nur in ›Querschnitten‹ unserer beschränkten Dimensionen wahrnehmen können, sehen wir sie in dieser Welt immer nur unvollkommen.
Dies aber reicht aus,

> eine Ahnung von seiner vollkommenen Seinsweise zu haben, daß sich dort ›Friede und Gerechtigkeit küssen‹, die im ›beschränkten Querschnitt‹ unserer Welt nie ganz unter einen Hut zu kriegen sind.

Es reicht aus,

> zu erkennen, daß wir jetzt schon Teil dieser Wirklichkeit sind.

Es reicht aus,

> in uns den Wunsch zu wecken, die Strukturen unserer Welt, so gut wir es immer können, nach den Strukturen dieser vollkommenen Wirklichkeit auszurichten.

Wenn man bedenkt, wie sehr wir bei aller Technik doch dem Leben auf der Erdober*fläche* verhaftet sind – und insofern etwas von einem Flachländer an uns haben –, kann man die Geste des Beters auch heute noch mit Sinn füllen, der seinen Blick nach oben richtet, seine Arme und Hände nach oben streckt. Er streckt sich der ganz anderen Dimension entgegen, die höher ist als all unsere Vernunft.

17.
Hermann Henssen
Kriterien zum Selbstschutz der Risikogesellschaft?

Das Thema wäre zu präzisieren auf die Frage: Gibt es verbindliche Kriterien für die ethische Akzeptabilität von gesellschaftlichen Risiken? Die Begriffe werden weiter unten erläutert.

Einleitung

Viele Risiken, die Leib und Leben unserer Großeltern bedrohten, spielen heute kaum noch eine Rolle. Von den fünf Geschwistern meiner Mutter habe ich nur noch eines selbst gekannt. Die anderen vier sind als Kind oder in jungen Jahren gestorben. Die Worte Diphterie und Tuberkulose signalisierten tödliche Schrecken. Die beruflichen Risiken waren um vieles höher als heute.
Viele Gefährdungen aus früherer Zeit sind inzwischen verschwunden oder haben doch an Bedeutung verloren. Gleichzeitig sind neue Risiken entstanden, oder es werden schon vorher bestehende, aber versteckte Risiken nun wahrgenommen. Hat sich – unter dem Strich gesehen – etwas verändert? Ich denke schon – wir sprechen nicht umsonst heute von einer ›Risikogesellschaft‹. Was aber hat sich verändert? Ich möchte drei Veränderungen nennen:

1. Das Ausmaß der Risiken ist größer geworden.
Mit den erweiterten technischen Möglichkeiten hat auch das Ausmaß der Risikofolgen zugenommen. Man mag dies in Relation zu den ausgeweiteten Horizonten menschlicher Aktionen, den verbesserten Fähigkeiten der Abhilfe oder auch zu der größeren Zahl von Menschen auf der Erde sehen und damit relativieren; desungeachtet wird es von vielen als Bedrohung wahrgenommen, daß das Ausmaß möglicher Schäden absolut gesehen größer geworden ist. Manche Autoren sprechen den modernen Risiken eine völlig neue Qualität zu. Das ist eine eingängige und medienwirksame Botschaft. Man muß aber sehr genau hinsehen, was damit gemeint ist, um nicht zu voreiligen Schlüssen verleitet zu werden. Es gilt nicht

pauschal für alle modernen Risiken. Die Gefahr eines ›nuklearen Winters‹ in den angehäuften Atomwaffenarsenalen hat sicherlich eine neue Dimension. Andere Risiken unserer Zeit müssen je für sich bewertet werden.

2. Die Einstellung zu Risiken hat sich geändert.
Während in der Generation unserer Großeltern Risiken eher als ein unvermeidbarer Teil des Lebensschicksals verstanden wurden, werden die modernen Risiken eher als von Menschen verursacht und daher als grundsätzlich vermeidbar wahrgenommen.

3. Geänderte Abhilfestrategien.
Während die Großelterngeneration – wenn überhaupt – sich vor allem von den Fortschritten in Wissenschaft und Technik Abhilfe versprach – und dies offensichtlich nicht zu Unrecht –, sollen die modernen Risiken primär durch strukturelle Veränderungen der Gesellschaft – einen Umbau des verursachenden Systems – vermieden werden. Dabei wird der unkritische Glaube an die technische Machbarkeit in manchen Köpfen ersetzt durch eine ebenso unkritische Erwartung an die Herstellbarkeit gesellschaftlicher Verhaltensweisen.
Die genannten drei Veränderungen führen zwangsläufig zu einer öffentlichen Diskussion über die folgenden Fragen:
– Welche Risiken bedrohen uns in welcher Weise?
– Was kann man tun, was muß man tun, um solche Risiken zu vermeiden oder so klein wie möglich zu halten?
– Welche Risiken darf man erst gar nicht eingehen, und welche Risiken dürfen oder müssen sogar akzeptiert werden?

Erläuterung der Begriffe

Die hier angesprochene *ethische Akzeptabilität* von Risiken ist klar zu unterscheiden von der tatsächlich vorhandenen Akzeptanz in der Gesellschaft. In der Geschichte gibt es genügend Beispiele dafür, daß völlig inakzeptabel sein kann, was allgemein akzeptiert wird, und umgekehrt. Nach dem demokratischen Grundkonsens wird zwar letztlich nach Mehrheiten entschieden, und dabei spielt die Akzeptanz eine Rolle. Aber beim Meinungsstreit im Vorfeld der Entscheidungen kann es nur darum gehen, was für gut und richtig gehalten wird – unabhängig davon, wie viele Zeitgenossen das auch so sehen. Bei unseren Überlegungen geht es um die Frage, ob man ein bestimmtes Risiko aus ethischen Gründen ablehnen muß oder ob es verantwortbar ist, ob nicht sein In-Kauf-Nehmen sogar ethisch geboten ist.

Dabei geht es um *gesellschaftliche Risiken*, d.h. um Risiken,

- die durch menschliche Aktivitäten verursacht sind, wobei viele Menschen unmittelbar oder mittelbar daran mitwirken,
- von denen viele Menschen betroffen sind, und
- denen wirksam nur mit institutionellen Instrumenten begegnet werden kann.

Individuelle Risiken, die ein einzelner überlegt oder unüberlegt eingeht, von denen nur er selbst oder wenige andere betroffen sind, sollen hier außer Betracht bleiben, selbst wenn sie spezifisch für heutige, moderne Lebensumstände sind.

Bei den diskutierten gesellschaftlichen Risiken denkt man in der Regel an unbeabsichtigte, vielleicht auch leichtfertig in Kauf genommene Folgen technischer Prozesse, wobei Technik hier im weitesten Sinne von Naturnutzung verstanden ist und auch so ›untechnische‹ Prozesse wie Überweidung und das Abholzen von Wäldern mit einschließt. Indessen gibt es noch eine andere Art gesellschaftlicher Risiken, die nicht minder folgenträchtig und bedrohlich sind. Hierbei geht es um die stets gefährdete Fähigkeit von Gesellschaften, ihr Zusammenleben friedlich zu organisieren. Gemeint ist das Risiko, daß der Konsens über die Grundregeln der friedlichen Konfliktlösung oder Konfliktbegrenzung verloren geht und es in extremen, aber nicht ungewöhnlichen Fällen zu Massen ergreifenden Verirrungen kommt. Diese Art gesellschaftlicher Risiken soll hier nicht weiter behandelt werden, zumal damit nicht nur Theologen und Naturwissenschaftler, sondern auch noch Vertreter anderer Disziplinen angesprochen sind. Dennoch müssen sie auch im vorliegenden Kontext beachtet werden, wenn hohe Ansprüche an die Vermeidung technischer Risiken mit solchen ›soziologischen‹ Risiken verbunden sind. Die Vorgänge um den Castortransport nach Gorleben, aber auch eine übertriebene, unangemessene Angst erregende Darstellung von Risikofolgen in den Medien gehören zu diesem Problemfeld.

Der Begriff *Kriterien* soll im folgenden genauer betrachtet werden.

Untaugliche Kriterien

Die Zusammenhänge zwischen auslösender Aktivität und ihren möglichen Risikofolgen sind meist kompliziert. In der Regel müssen verschiedene wissenschaftliche Fachrichtungen zur Klärung der Sachverhalte beitragen. Die befürchteten Folgen selbst sind oft nur ungenau bekannt, noch nicht eindeutig erwiesen und daher umstritten. Ähnliches gilt von dem Nutzen der umstrittenen Aktivitäten. So ist es zu verstehen, wenn nach einfachen Regeln und Kriterien zur Urteilsfindung gefragt wird. Der Wunsch nach einfachen Regeln drängt sich auf, wenn jemand nicht die Möglichkeit sieht, sich hinreichend sachkundig zu machen, gleichwohl aber über die möglichen Konsequenzen tief besorgt ist.

Eine ganz einfache Regel wäre: »im Zweifel, Nein«. Man beruft sich dabei gerne auf die von Hans Jonas geforderte ›Heuristik der Furcht‹. Aber Jonas spricht vermutlich nicht ohne Absicht von Heuristik, d.h. von einer Methode zur Auffindung von Entscheidungsvorgaben, und meint nicht die Urteilsfindung selbst. Etwas präziser findet man die obige Regel im Tutiorismus. Dort heißt es: »Solange eine in ihrer Qualifikation ernstzunehmende Minderheit von Fachleuten die – auch langfristige – Unschädlichkeit einer Großtechnologie und ihrer Folgen bestreitet und solange solche Minderheit in begründeter Weise nicht kalkulierbare, schwere und nicht rückgängig zu machende Schädigungen nicht ausschließen kann, ist ein solcher großtechnischer Lösungsansatz abzulehnen« (Kirchl. Hochschule Bethel, 1982).

Dies macht es in der Tat leicht – und ich denke, zu leicht –, Stellung zu beziehen. Man braucht sich mit einer Ablehnung nur auf die leicht feststellbare Tatsache zu beziehen, daß es kritische Stimmen gibt. Im Extremfall geht damit gar nichts mehr; denn man kann – das behaupte ich einmal – zu fast jeder Technik einen Wissenschaftler auftreiben, der mit einiger Phantasie solcherart Zweifel konstruiert und begründet. Die Zweifel zu widerlegen, kostet Zeit und Aufwand, und solche kritischen Anfragen können – wenn man das will – beliebig nachgeschoben werden. Außenstehende können die Widerlegungen kaum beurteilen, für sie steht nach wie vor Meinung gegen Meinung. Dann kommt es schließlich darauf an, was eine ›in ihrer Qualifikation ernstzunehmende Minderheit von Fachleuten‹ ist. Wer gehört dazu und wer nicht, wer definiert dies, nach welchen Kriterien?

Selbst wenn man diese Punkte mit gutem Willen von allen Seiten ausräumen könnte, bleibt die Regel dennoch untauglich. Sie wäre nur dann verantwortbar, wenn man immer schon mit Sicherheit wüßte, daß der Verzicht auf jede zur Diskussion stehende technische Lösung harmlos ist. Beim Tutiorismus werden die Folgen eines Verzichts überhaupt nicht in den Blick genommen.

Aus dem gleichen Grund sind allgemeine Kriterien als alleiniges Entscheidungskalkül abzulehnen. Ich nenne sie einmal ›Ausschlußkriterien‹ oder *›absolute Ausschlußkriterien‹*, um sie von Kriterien anderer Art zu unterscheiden, auf die ich später eingehe. Unter absoluten Ausschlußkriterien verstehe ich Verbotsnormen, nach denen man gesellschaftliche Risiken – insbesondere aus wissenschaftlichen und technischen Tätigkeiten – un›bedingt‹ ablehnen muß, unabhängig von den Folgen, die aus dieser Ablehnung erwachsen. Danach bräuchte man bei einem strittigen Risiko nur ein bestimmtes Merkmal festzustellen, das einem solchen Ausschlußkriterium entspricht, um es apodiktisch ablehnen zu können. Wenn man sich auf solche Kriterien verläßt, vereinfacht sich die Urteilsfindung sehr, weil man danach viele Dinge – insbesondere hinsichtlich der Handlungsalternativen – nicht mehr betrachten muß.

Das Prinzip der Folgenabwägung

Die zentrale Aussage meiner Ausführungen ist: Die so definierten Auschlußkriterien für gesellschaftliche Risiken gibt es nicht. Ob Risiken einzugehen sind, muß grundsätzlich nach einer umfassenden Folgenabwägung entschieden werden. Dabei müssen alle Folgen – einschließlich der nur möglichen – aller Entscheidungsoptionen nach dem besten Stand unseres Wissens ermittelt und gegeneinander abgewogen werden.

Die Folgenabwägung geschieht in zwei Schritten:
1. Die Erhebung und Feststellung aller real gegebenen Handlungsoptionen und ihrer Folgen.
2. Die Bewertung der Folgen und damit auch der Handlungsoptionen.

Bevor wir auf die Folgenfeststellung eingehen, soll noch etwas zur Kennzeichnung der Risiken gesagt werden. Die hier in Rede stehenden Risiken sind gekennzeichnet im wesentlichen durch drei Merkmalskategorien:
- Die *Art des Schadens.* Z.B. Tod – bzw. statistisch auch Verlust an Lebensdauer – , Krankheit, Verlust der Wohnung, der Heimat, ökologische Schäden wie Verödung einer Landschaft usw.
- Der *Schadensumfang,* wie Zahl der Toten bzw. Verlust an Lebensjahren, Zahl von Krankheitsfällen, Umfang von Flüchtlingsbewegungen, Flächengröße bei Landschaftsverlust, Anzahl gefährdeter Arten usw.
- Die *Eintrittswahrscheinlichkeit.*

Auf das letztgenannte Merkmal will ich etwas näher eingehen. Manchmal läßt sich die Eintrittswahrscheinlichkeit eines Risikos quantitativ ermitteln. Das setzt eine entsprechende statistische Erfahrungsbasis voraus, aus der man nach den logischen Regeln der Wahrscheinlichkeitslehre weitere Wahrscheinlichkeiten ableiten kann, die man selbst nicht statistisch überprüfen kann. Wenn z.B. für die Abwendung eines technischen Unfalls die Funktion eines Mikroprozessors wichtig ist und dessen Ausfallwahrscheinlichkeit bei Anforderung mit 1:1000 getestet wurde, so kann man schließen, daß die Ausfallwahrscheinlichkeit von zwei parallel geschalteten Prozessoren 1:1 000 000 ist.

Häufig – ich denke, sogar meistens – läßt sich die Eintrittswahrscheinlichkeit gar nicht objektiv quantifizieren. Wie will man z.B. die Wahrscheinlichkeit für das Eintreffen der befürchteten Folgen von Klimaveränderungen bei fortgesetzter Emission von Treibhausgasen abschätzen? Oder die Wahrscheinlichkeit, bis zum Jahr 2010 den Krebs heilen zu können? Um diesem Unterschied Rechnung zu tragen, könnte man für Wahrscheinlichkeit in diesen Fällen einen anderen Ausdruck wählen und z.B. von ›Erwartungsgrad‹ sprechen (ich will dennoch dem allgemeinen Sprachgebrauch folgend von Wahrscheinlichkeit reden, auch wenn im hier definierten Sinne der Erwartungsgrad gemeint – oder mit gemeint – ist). Selbst wenn dieser Erwartungsgrad nicht streng berechenbar und in Zahlen angebbar ist, so ist er doch *keineswegs irrelevant* für die ethische Bewertung der Handlungsfolgen. Er muß dann nach bestem Vermögen abgeschätzt werden, wobei statt Zahlenwerte Formulierungen etwa der folgenden Art stehen können:

- wird mit Sicherheit eintreten;
- Eintreten ist wahrscheinlicher als Ausbleiben;
- kann eintreten oder auch nicht, 50:50 Chance;
- kann nicht ganz ausgeschlossen werden;
- kann nach menschlichem Ermessen ausgeschlossen werden.

Für die *Feststellung der Folgen* ist der folgende Ansatz (Arbeitshypothese) wichtig, ja unerläßlich: Die möglichen Optionen und ihre Folgen können im Grundsatz zutreffend beschrieben werden. Genauer gesagt: Der beste Stand des gegenwärtigen Wissens darüber einschließlich aller Unsicherheiten und Ungenauigkeiten kann objektiv festgestellt werden. In den derzeitigen Debatten kann man immer wieder offen oder versteckt auf die Meinung stoßen: Objektive Wahrheiten gibt es nicht, alles ist ohnehin von Interessen geprägt, dann braucht man sich auch selbst nicht um Objektivität zu bemühen und kann die Fakten für den für gut gehaltenen Zweck biegen. Dem ist entschieden zu widersprechen, wenngleich die

Schwierigkeiten bei der einvernehmlichen Feststellung des Wissensstandes nicht verschwiegen werden sollen:
- Der beste Stand des Wissens kann stets nur mehr oder weniger angenähert festgestellt werden;
- die einvernehmliche Feststellung kann sehr viel Zeit kosten, die oft nicht gegeben ist;
- wenn eine Gruppe von auserlesenen Experten diesen Prozeß vollzogen hat, wird das Ergebnis nicht ohne weiteres von anderen übernommen, die diesen Prozeß nicht selbst mitgemacht haben;
- außerdem ist man bei manchen Sachverhalten auf Einschätzungen angewiesen, was innerhalb der Unsicherheitsmargen zu unterschiedlichen Feststellungen führen kann. Häufig wird in der öffentlichen Darstellung nicht klar genug zwischen gesicherten Ergebnissen und Einschätzungen unterschieden. In der Öffentlichkeit fehlt allerdings auch in der Regel ein gutes Verständnis für Ungenauigkeiten und Unsicherheiten, sie werden entweder über- oder unterschätzt (»ist doch alles noch völlig unsicher« – »ist doch wissenschaftlich erwiesen«).

Die *Folgenbewertung* enthält wiederum zwei Teile:
- Bewertung der Folgezustände;
- Bewertung der Wahrscheinlichkeit, mit der diese Zustände eintreten werden.

Bei der *Bewertung der Zustände* kommt alles ins Spiel, was in der ›klassischen‹ Ethik zu den Themen Werte und Güter gesagt wird. Ich will und kann das als Naturwissenschaftler nicht vertiefen, sondern möchte hier nur auf einige Gesichtspunkte eingehen, die mir wichtig erscheinen.

Die Vermeidung gesellschaftlicher Risiken ist auf gemeinsames Handeln angewiesen. Es kann daher sinnvoll und förderlich sein, wenn man sich bei der Bewertung der Folgezustände von Zielen leiten läßt, für die – zumindest unter wohlgesonnenen Menschen – eine breite Zustimmung erwartet werden kann. Christen können sich darauf einigen, mit den Folgen ihrer Entscheidung dem Reich Gottes möglichst nahe zu kommen. Konkreter beschreiben die folgenden Ziele, was möglichst gut zu erreichen ist:
- Alle heute und in Zukunft auf der Erde lebenden Menschen sollten menschenwürdig leben und zumindest ihre Grundbedürfnisse befriedigen können.
- Die Integrität der außermenschlichen Natur soll erhalten bleiben, sie muß die ihr innewohnende Fähigkeit zur Regeneration und natürlichen Weiterentwicklung behalten.

Sofern zwischen beiden ein Zielkonflikt besteht, muß ein gerechter Ausgleich der Belastungen gefunden werden. Wenn der Zukunftsaspekt des ersten Zieles hinreichend gewürdigt wird, sind indessen solche Zielkonflikte seltener und weniger gravierend, als es den landläufigen Erwartungen entspricht.

Damit sind nur die Umrisse einer Bewertungsmethode skizziert. Für die Beurteilung konkreter Risiken bleiben noch viele Fragen offen. So die Frage, welche Lebensumstände ein menschenwürdiges Leben ausmachen und wie sie im Vergleich zueinander zu bewerten sind, wenn das eine nur auf Kosten des anderen zu haben ist. Auch ist die Nähe eines Bündels von Folgen zu den gesetzten Zielen nicht einfach auszumessen. Vor allem steht der unverhandelbare Wert des einzelnen Lebens und seine Würde einer einfach quantifizierenden Bewertung von Nutzen und Schaden entgegen. Das gilt erst recht für den Versuch einer nur monetären Bewertung.

Dennoch können Zahlen eine wertvolle Orientierung geben, insbesondere dann, wenn Schäden gleicher Art miteinander verglichen werden. Dies ist der Fall, wenn die Risiken der Kernenergie gegen die langfristigen Risiken eines Energiemangels durch vorzeitigen Ausstieg aus dieser Technik abgewogen werden, was ich als Beispiel einer umfangreichen Folgenabwägung – wie ich sie sehe – anführen möchte. Vorzeitig heißt, bevor mit hinreichender und durch Erfahrung gestützter Sicherheit erwiesen ist, daß eine zukunftsfähige Entwicklung der Welt – sustainable development – auch ohne Kernenergie möglich ist. In beiden Fällen geht es um Schäden an Leib und Leben, um den Verlust des Wohnplatzes durch Umsiedlung oder als Flüchtling und um Landverlust. – Ich habe das an anderer Stelle für jedermann lesbar ausführlich dargelegt. – Nach meiner Einschätzung sind die möglichen Schäden des vorzeitigen Verzichts auf die Nutzung der Kernkraft deutlich größer und wahrscheinlicher als die Risiken der Kerntechnik auf dem höchsten Sicherheitsstandard, der jeweils realisierbar ist. Deshalb trete ich dafür ein, jetzt mit aller gebotenen Anstrengung und ohne Verzögerung die Möglichkeiten von Energieeinsparung und der erneuerbaren Energien auszuloten und gleichzeitig die Option Kernenergie auf höchstem Sicherheitsniveau solange aufrechtzuerhalten, bis man aus Erfahrung weiß, daß die anderen Lösungen allein tragfähig sind. Es steht zu viel auf dem Spiel, wenn sie es nicht sind.

Die Wahrscheinlichkeit des Eintretens befürchteter oder erhoffter Ereignisse oder Entwicklungen, die nicht sicher vorhergesagt werden können, spielt nicht nur in der Frage der Kernenergie, sondern auch bei anderen gesellschaftlichen Risiken eine Rolle. Bei der ethischen Bewertung dieser Unsicherheiten und den dazu möglichen Einschätzungen gibt es einige Fragen, die – so denke ich – noch nicht genügend reflektiert wurden:

– Darf für einen sicheren Nutzen ein unwahrscheinliches Lebensrisiko unbeteiligter Personen in Kauf genommen werden? Wie unwahrscheinlich muß es sein?

»Wirtschaftliche Gründe rechtfertigen nichts, wodurch menschliches oder auch nicht menschliches Leben geschädigt oder bedroht wird« (S. Daecke); das entspricht dem unverhandelbaren Wert menschlichen Lebens. Hier wird die Eintrittswahrscheinlichkeit nicht angesprochen, oder sie steckt implizit in dem, was als Bedrohung angesehen wird. Ein absolut sicherer Ausschluß jeder Gefährdung von Leben Dritter ist aber bei den vielfältigen Aktivitäten des Wirtschaftens unmöglich. Sie zu fordern, würde uns auf die allernotwendigsten Lebensbedürfnisse beschränken und jede weitere Gestaltung ausschließen. Aber welcher Grad von Sicherheit und Vorsorge muß gefordert werden? (Beispiel: Bei einer Autofahrt kann das Versagen von Bremsen oder der Steuerfähigkeit auch durch gesundheitliches Versagen des Fahrers nicht mit absoluter Sicherheit ausgeschlossen werden.)

– Welche ethische Bedeutung hat das Phänomen der Risikoaversion?

Es ist – vor allem von modernen Soziologen – viel darüber geschrieben worden, daß die Menschen viele kleine Schäden eher akzeptieren als wenige große, selbst wenn der Schaden in der Summe gleich ist. Aber ist diese Präferenz auch ethisch gerechtfertigt?

– Bis zu welchem Grad darf man sich darauf verlassen, daß Menschen tun, was sie sollen?

Bei der Sicherheit technischer Einrichtungen wird zunehmend die Fehlsamkeit von Menschen in Rechnung gestellt, zumindest ist es eine zu Recht gestellte Forderung. Technische und organisatorische Maßnahmen sollen verhindern, daß Personen durch Unachtsamkeit, Fahrlässigkeit und sogar Böswilligkeit unzumutbar geschädigt werden. Aus der Erfahrung mit solchen Strategien kann man Einschätzungen darüber gewinnen, wie erfolgreich sie zu sein versprechen, welcher Grad der Sicherheit damit zu erreichen ist. Schwieriger sind die Erfolgsaussichten einzuschätzen, wenn das Gelingen einer Strategie davon abhängt, daß viele Menschen – ja ganze Gesellschaften – sich entsprechend bestimmter Vorgaben verhalten. Dies spielt in unserem Zusammenhang eine Rolle, wenn der Verzicht auf eine risikobehaftete Technik – z.B. Kernenergie – Einschränkungen oder Verhaltensänderungen bei den Verbrauchern – Energieeinsparung und teure Ersatzlösungen – voraussetzt und die Gefahr besteht, daß diese Lasten am Ende bei den Schwachen in der Gesellschaft hängen bleiben. Politische Entscheidungen müssen die Schwäche von Menschen in Rechnung stellen, sie müssen aber gleichzeitig offen sein für die Möglichkeit, daß die Menschen besser sind als ihr Ruf. Das Wohlverhalten muß dann zur Auswirkung kommen können.

- Wann und in welchem Maß darf sachlich unbegründete Angst bei der Ablehnung von Risiken eine Rolle spielen?

Begründete Angst ist ein heilsamer Antrieb, Gefahren zu vermeiden. Aber jede subjektiv empfundene Angst – ob begründet oder nicht – stellt eine psychische Belastung dar, die nicht selten auch zu organischen Leiden führt. Insofern geht sie auf das Schadenskonto der Risikobilanz. Ob und gegebenenfalls wann auch sachlich unbegründete Angst als Argument gegen das Eingehen eines Risikos zählt, bedarf der Klärung. Jedenfalls sollten Gefahren nicht aufgebauscht werden, selbst wenn dies einem guten Ziel zu dienen scheint.

Sinnvolle Kriterien

Wenngleich absolute Ausschlußkriterien für Entscheidungen über gesellschaftliche Risiken nicht anwendbar sind, gibt es doch andere Kriterienarten, die dabei sehr hilfreich sein können. Eine solche Art nenne ich *Signalkriterien.* Signalkriterien zeigen an: Hier ist besondere Sorgfalt geboten, besteht besonderer Rechtfertigungsbedarf, werden Gottes Gebote übertreten, hier wird der Mensch schuldig. Signalkriterien können auch die Form von empfohlenen Vorzugsregeln haben oder auf besondere Werte aufmerksam machen. Die Signalkriterien haben Empfehlungs- oder Warncharakter.
Beispiele für Signalkriterien:
- Bekannte Risiken sind unbekannten Risiken vorzuziehen; hier kann vor allem der Vergleich mit natürlichen Vorgängen hilfreich sein. Aber natürliche Risiken können keinen A-Priori-Maßstab für die Akzeptabilität von Risiken abgeben; schon die Definition der Vergleichbarkeit wirft Probleme auf.

- Mögliche Schäden sollten heilbar sein (Irreversibilität ist zu meiden).
- Auf eine gerechte Verteilung von Nutzen und Risiko ist zu achten.

Die Folgenabwägung bei gesellschaftlichen Risiken ist ein schwieriger Prozeß, bei dem in der Regel viele Gesichtspunkte zusammengeführt werden müssen. Sie kann von einzelnen Menschen bestenfalls nachvollzogen werden; selbst das ist mühevoll. Hier gibt es auch Grenzen der demokratischen Partizipation. Eine umfassende Folgenabwägung kann zudem für Einzelentscheidungen im Problemfeld einer risikobehafteten Technik viel zu zeitraubend und aufwendig sein. Deshalb macht es Sinn, *abgeleitete Entscheidungskriterien,* insbesondere *abgeleitete Ausschlußkriterien* zu entwickeln. Sie sind Ergebnis einer allgemeineren Folgenabwägung, wobei die Auswirkungen der allgemeinen Befolgung einer solchen Regel abgeschätzt und abgewogen werden müssen gegen die Konsequenzen, welche sich aus dem Fehlen der Regel ergeben. Bei völlig neuen Situationen, neuen Erkenntnissen müssen sich solche Kriterien durch eine neue Folgenabwägung überprüfen lassen. Abgeleitete Ausschlußkriterien können auch vor dem Selbstbetrug schützen, dem man bei der Folgenabwägung unterliegen kann, vor allem wenn diese Folgenabwägung im Einzelfall von einzelnen vollzogen wird und eigene Interessen mit im Spiel sind.

Beispiele für abgeleitete Ausschlußkriterien, die derzeit noch diskutiert werden oder auf die man sich schon geeinigt hat:
- kein Eingriff in die menschliche Keimbahn;
- keine medizinischen Tests an Versuchspersonen ohne deren Einwilligung;
- neu gebaute Kernreaktoren müssen ›katastrophenfrei‹ sein.

Schlußbemerkung

Ich denke, die Theologie ist gefragt, vor allem bei der Bewertung von Risikofolgen Orientierungshilfe zu geben und bei offenen Fragen – wie die oben genannten zur ethischen Bewertung von Unsicherheiten und Wahrscheinlichkeiten – zusammen mit Nichttheologen nach guten Antworten zu suchen. Auch wird sie auf neue Fragen aufmerksam machen, die bisher vielleicht übersehen wurden. Die Mitarbeit von Theologen bei der Erarbeitung von Signalkriterien und abgeleiteten Ausschlußkriterien sollte den Naturwissenschaftlern und Technikern willkommen sein.

Zum Wächteramt der Kirche gehört es, die Menschen dazu anzuhalten, Sorgen nicht zu verdrängen, Risiken wahrzunehmen, sie weder zu verharmlosen noch aufzubauschen und nach bester Möglichkeit zu vermeiden. Zur ihrer Aufgabe der Seelsorge gehört es, die Bereitschaft und Fähigkeit der Menschen zu stärken, mit den unvermeidbaren Risiken zu leben.

18.
Christian Link
Über den Umgang mit Risiken

Soll man ein Risiko aus ethischen Gründen ablehnen? Der luzide Argumentationsgang von Hermann Henssen zeigt, wie schwer uns heute in jedem Einzelfall eine begründete Entscheidung fällt, weil wir auch bei dem besten Stand unseres gegenwärtigen Wissens die Folgen unseres Tuns nur mit einer mehr oder weniger großen Wahrscheinlichkeit abschätzen können. Daß man innerhalb dieser Grenzen dennoch die Kraft der Vernunft aufbieten, das heißt, Gründe benennen kann, die für möglichst alle Betroffenen einsehbar sind, gehört zu den unhintergehbaren Einsichten dieser nachdenkenswerten Stellungnahme. Sie formuliert ihre ethischen Ziele – ein menschenwürdiges Leben auf dieser Erde, Sorge für die Integrität der außermenschlichen Natur – und macht sie mit unbestechlicher Folgerichtigkeit auch gegen die Anwälte einer prinzipiellen Skepsis stark: Was riskieren wir eigentlich, wenn wir das Risiko unter allen Umständen vermeiden wollen? Was sind die Folgen unseres Verzichts?

Zu lernen ist aus diesem methodisch redlichen Verfahren jedenfalls dies: Mögen die Einschätzungen der modernen technischen Entwicklung und ihrer Folgekosten noch so weit auseinandergehen, die Gründe dafür liegen nicht schon darin, daß die einen ihre Mitverantwortung für die Zukunft wahrnehmen, während die anderen sie verweigern. Ethisch verantwortliches Handeln gibt es auf beiden Seiten des Streits. Der Theologe kann deshalb nur in grundsätzlicher Bejahung und Anerkennung der hier geleisteten Arbeit in diesen Streit eingreifen. Sein besonderes Mandat besteht darin, daß er unter der ihm eigenen Perspektive die von den Folgen der Technik betroffene (menschliche und außermenschliche) Natur als ›Gottes Schöpfung‹ begreift und daraufhin die Relevanz der angegebenen »Signalkriterien« – wo nötig – noch weiter zu verdeutlichen, das heißt erkennbar zu machen versucht. Ich beginne deshalb damit, diese Perspektive an dem historischen »Unfall« von Tschernobyl darzustellen.

1. Die Wahrnehmung von Risiken

Nicht nur auf Risiken, die uns als dunkle Gefahrenquelle bedrohen, selbst auf Katastrophen, die uns das Risiko im Feuerschein der Vernichtung demonstrieren, pflegt die Menschheit merkwürdig zwiespältig zu reagieren. Im schlimmsten Fall, den eine der zahlreichen, nach Tschernobyl erschienenen Stellungnahmen skizziert, reagiert sie überhaupt nicht: »Natürlich kann man sagen: ›Das ist charakteristischerweise in der Sowjetunion passiert – uns geht das weiter nichts an‹; oder: ›Das war nun wirklich ein völlig unwahrscheinlicher einmaliger Unglücksfall – so etwas kommt nun aber bestimmt nicht mehr vor‹; oder: ›Mit solchen Risiken muß man eben leben‹ ... ›Wer so denkt, redet oder handelt, der gleicht einem Mann, der sein Angesicht im Spiegel beschaut und, nachdem er sich beschaut hat, davon geht und von Stund an vergißt, wie er aussah‹ (Jak 1.23f). Eine solche Haltung ist eine ethische Selbst-Disqualifizierung. Sie ist für den christlichen Glauben inakzeptabel ...«[1]

Wenn wir nach der Katastrophe von Tschernobyl unser Angesicht »beschauen«, wird unsere Reaktion anders ausfallen müssen. Warum? Weil der Spiegel, in dem wir uns betrachten, nun nicht mehr im Privatissimum unserer eigenen vier Wände hängt, sondern uns von einer Welt vorgehalten wird, die als Ausweg aus ihren Krisen anzusehen bereit war, was ihre Krisenanfälligkeit jetzt über jedes bis dahin bekannte Ausmaß sichtbar gemacht hat. Was man in diesem Spiegel sieht, vergißt man nicht mehr so schnell, wenn man denn überhaupt Augen hat zu sehen. Qualitativ neu ist zunächst dies, daß Risiken, die bisher dem Bereich des *Möglichen,* des bloß Denkbaren angehörten – Stoff für Nachtgestalten wie die Kassandra –, im Zeitraum von nur vier Wochen in den Horizont handgreiflicher *Wirklichkeit* eingetreten sind und im Tageslicht wissenschaftlicher Bestandsaufnahme ihre das Leben verändernde Gewalt demonstrieren. Jetzt haben wir erfahren und können es wissen, daß ein Reaktorunfall nicht nur die Ernte eines Jahres vernichtet, und zwar noch 2000 km vom Ort des Geschehens entfernt, sondern auf einigen zehntausend Quadratkilometern Fläche jede landwirtschaftliche Nutzung auf absehbare Zeit unmöglich macht; daß er – in diesem Falle – ca. 400 000 Menschen zu Evakuierung und Umsiedlung zwingt; daß er – von den Toten der ersten Wochen abgesehen – zu einem signifikanten Anstieg von Schilddrüsenkrebs und nicht zuletzt auch – infolge der tief eingreifenden Lebensveränderungen

1 W. Härle, Ausstieg aus der Kernenergie, Neukirchen-Vluyn 1986, 41.

– zu einer deutlich erhöhten Morbidität führt. Während bei jeder noch so großen Katastrophe der bisherigen Geschichte die Zerstörungskraft auf die unmittelbar betroffenen Opfer beschränkt blieb, wirkt sie sich jetzt auch auf deren Kinder und Enkel aus. Während bisher ein Neuanfang an Ort und Stelle möglich war – selbst in Dresden und noch in Hiroshima –, bleibt jetzt nur die Möglichkeit, den Ort der Katastrophe wie Sodom und Gomarrha zu verlassen. Der Mythos hat die technische Aufklärung hinterrücks eingeholt.

Es gibt noch eine zweite, in der Öffentlichkeit weniger beachtete Ebene, auf der die Schadensbilanz zu ziehen ist. Wir haben erfahren und können es wissen, daß der Wille zur forcierten Durchsetzung der Kerntechnologie die Fundamente unserer politischen Kultur erschüttert. Das hat nicht nur die Strategie der Nachrichtenübermittlung, die Verschleierung und Verharmlosung aller präzisen Informationen, das haben insbesondere die staatlichen Reaktionen (um nicht zu sagen: Überreaktionen) auf die Proteste in Wackersdorf, Bern und anderswo an den Tag gebracht. Auch hier hat sich ein qualitativer Wandel vollzogen. Denn warum protestieren die Bürger? Warum gehen sie auf die Straße? Wer ein Auto oder ein Flugzeug besteigt, übernimmt das Risiko als Konsequenz seiner eigenen freien Entscheidung. Er hat in aller Regel eine Alternative: Er könnte die Bahn oder das Schiff benutzen. Die Risiken der Kerntechnik werden ihm jedoch vom Staat auferlegt, ohne daß er sie, selbst wenn er die Alternative wüßte, durch eigenes Handeln vermeiden kann. Auch das ist historisch neu: Mit der Forcierung der Kerntechnik bewegt sich der Staat auf jene kritische Grenze zu, wo er dem Demokratieprinzip die politisch-ethische Grundlage entzieht.

Die Regel »Mehrheit entscheidet«, die den Weg der Energiepolitik demokratisch legitimieren soll, kann der Minderheit nur unter der Bedingung zugemutet werden, daß es eine Basis ausreichender Gemeinsamkeiten gibt, die dem politischen Streit und damit der politischen Verfügung entzogen sind. Zu dem politisch Unverfügbaren aber gehört das Recht auf Leben und körperliche Unversehrtheit. Wird dieses Recht durch die Entscheidung der Mehrheit angetastet – darauf will der politische Protest aufmerksam machen, und deshalb ist er grundsätzlich rechtens –, dann verliert die Mehrheitsregel ihre politische Legitimitätsfähigkeit. Anders gesagt: »Entscheidungen der Mehrheit von heute müssen durch Entscheidungen der Mehrheit von morgen revidierbar sein.«[2]

2 Tschernobyl – Folgen und Folgerungen. Eine Stellungnahme der FEST, Heidelberg, Oktober 1986, 13.

Warum setzen wir uns solchen Risiken aus? Die Antwort ist – beklemmend – einfach. Der Energieverbrauch ist das genaueste Maß des Wohlstandes, den eine Gesellschaft sich leisten kann, und was wir uns offenbar leisten können, geht daraus hervor, daß zur Zeit ein Viertel der Weltbevölkerung drei Viertel der gesamten Weltenergie verbraucht. Doch geht diese Rechnung auf?

2. Die Interpretation der Risiken

Klärungsbedürftig scheint mir in der gegenwärtigen Diskussion der Begriff des *Risikos* und insbesondere der Begriff der *Folge* zu sein. Über die Abschätzung, erst recht über die Bewertung der Folgen eines Risikos kommt es in der Regel zum Streit. Zu fragen ist: Für wen besteht das Risiko? Für die eigene Gesellschaft, für die Drittweltländer oder auch (bzw. erst) für die kommenden Generationen? Worauf erstrecken sich die Folgen? Was wird von ihnen betroffen? Die eigenen Lebensgewohnheiten (Lebensstandard), das eigene (und eventuell künftige) Leben oder auch die politische und moralische Kultur einer Gesellschaft, also ihre »Identität«?

Ausgangspunkt der heute geforderten ethischen Überlegungen müßte die Einsicht in den globalen Zusammenhang unseres technischen Handelns sein, der uns am eindrucksvollsten durch die Mentalitätsveränderungen im Zeitalter des Computers vor Augen geführt wird.[3] Wir müssen in unseren ethischen Entscheidungen und Optionen *universal* denken und zwar Blick auf den *Raum* und die *Zeit.* Ein Kernkraftwerk-Unfall bedroht nicht nur das eigene Land. Mit dem heutigen CO-2-Ausstoß können wir (noch) leben, nicht mehr jedoch unsere Enkel. Die Grenzenlosigkeit der Wirkungen, die wir durch die modernen Großtechnologien auslösen, sind ein qualitativ neues Phänomen.

Daraus ergibt sich eine naheliegende, wenn auch nicht leicht einlösbare Konsequenz: Wir müssen uns auf einen verbindlichen Rahmen einigen (und an den Parametern eines solchen Rahmens arbeiten), in welchem das Problem der Akzeptabilität von Risiken erst erfolgreich, das heißt mit der Aussicht auf einen maximalen Konsens, diskutiert werden kann. Dafür gibt es große Vorbilder. Man denke an das Naturrecht, das seit der frühen Neuzeit als kritische Norm allen positiven Rechtes in Geltung stand, oder an die Allgemeine Erklärung der Menschenrechte (1948), mit der die Vereinten Nationen dem Risiko willkürlicher Behandlung von Individuen und Minderheiten entgegenzutreten versuchten. Gewiß, durch dieses

3 Vgl. W. Oberschelp, S. 81–85.

Postulat kommt ein prinzipieller, oft als mühsam empfundener Ton in die Debatte. Doch angesichts der irreversiblen (und darin zweifellos »prinzipiellen«) Veränderungen, die wir durch den Treibhaus-Effekt oder die Anwendung der Gentechnik einzuleiten im Begriff sind, sind kurzfristige Folgenabschätzungen eine Selbsttäuschung und ethisch kaum mehr vertretbar. Eine Problemformulierung könnte nun etwa so lauten: Von einem Risiko sprechen wir genau dann, wenn der Rahmen bzw. die Rahmenbedingungen, auf die wir uns geeinigt haben, in unkalkulierbarer Weise bedroht oder gefährdet werden. Die Folgen solcher Risiken bemessen sich an den absehbaren oder vermuteten Änderungen bzw. Abstrichen, die wir an diesem Rahmen vorzunehmen bereit sind.

Welche Vorgaben kann die Theologie für einen solchen Rahmen bereitstellen? Für welche Bedingungen steht sie ein? Eine unmittelbare »biblizistische« Berufung auf Altes und Neues Testament ist schon deshalb kaum möglich, weil die Gesellschaften der Antike von globalen Gefährdungen und Risiken keine Vorstellung haben konnten. Die apokalyptischen Szenarien stehen jedenfalls in einem anderen, politisch veranlaßten Kontext. Andererseits wird das biblische Verständnis von Mensch, Welt, und Wirklichkeit durch das Potential unserer technischen Risiken auf jeden Fall berührt. Lassen sich die Schnittstellen benennen? Wo genau sind technische Sachzusammenhänge für theologische Interpretationen anschlußfähig und vielleicht auch -bedürftig?

Es gibt offenkundige Fehldeutungen: Ein Pastoraltheologe interpretiert den Reaktorunfall von Tschernobyl als Zeichen eines weltgeschichtlichen »Vorausgerichts« und will die Kirche dementsprechend auf die Bewältigung der *Innenseite* von Katastrophen und auf den Umgang mit angstbesetzter Betroffenheit festlegen. Er will einer den Glauben überflutenden Angst entgegentreten, deren Ergebnis die vielfachen christlichen Ausstiegsappelle seien. Hier wird das komplizierte Problem auf einen Seelsorge-Fall reduziert (»Mit Risiken leben!«). Das aber kommt praktisch einer prinzipiellen Abdankung theologischer Schöpfungsethik gleich.

In einem Votum der Kirchlichen Bruderschaft Württembergs reduziert sich die Haltung zur Atomenergie auf die Frage: »Gott oder Götze?« Glaube an den Herrn des ersten Gebots oder Glaube an die Sicherheit von Reaktoren? Hier wird zwar die zerbrechliche Grundlage der technisch-wissenschaftlichen Konstruktion von Wirklichkeit angesprochen, doch droht die hier eingenommene Perspektive jede rationale Argumentation zu lähmen.[4]

4 Quelle: Kirchliches Jahrbuch 1986, 9. Lieferung 2, Gütersloh 1988; 16f.

Der Boden theologischer Argumentation wird erst dort beschritten, wo die Verantwortung der Christen für ihren Lebensraum anerkannt und als tätige menschliche Antwort auf Gottes Zuwendung zur Welt begriffen wird. Dies zugestanden, bewegen wir uns im Bereich riskanter Technologien keineswegs auf weltanschaulich neutralem Gelände. Hier stehen durchaus Konsequenzen des christlichen Glaubens auf dem Spiel: Ist uns die Welt als Gottes Schöpfung zur verantwortlichen Gestaltung übergeben, oder gilt sie uns nur als Rohmaterial zur Verwirklichung unserer eigenen Entwürfe? Darf der Mensch ein gefährdetes, fehlsames Wesen bleiben, oder muß er seine Möglichkeiten – als wäre er unfehlbar – bis zur Neige »ausreizen«?

3. Verantwortliches Handeln

Es wird heute mit Recht in allen öffentlichen Stellungnahmen betont, daß wir bereit sein müssen, für die Folgen unseres Tuns die Verantwortung zu übernehmen. Doch was heißt das? Hat sich mit der komplexer gewordenen Struktur unserer Handlungsfelder auch die Struktur der Verantwortung gewandelt?

Unsere Tradition begründet das Phänomen der Verantwortung in der aus der menschlichen *Freiheit* entspringenden Nötigung, sich eine Tat zurechnen zu lassen. Ich bin »vor meinem *Gewissen*« verantwortlich. Doch abgesehen davon, daß es unmöglich ist anzugeben, in welchem Sinne ein einzelner oder auch eine Gruppe von Menschen sich die Folgen etwa der Gentechnik könnte »zurechnen« lassen, ist unser gegenwärtiger Weltzustand ein Signal dafür, daß der Versuch, nun umgekehrt die Kriterien der Verantwortung aus dem Gewissen bzw. dem (moralischen) Bewußtsein des einzelnen abzuleiten, zum Scheitern verurteilt ist. Schon Dietrich Bonhoeffer hielt dagegen: Verantwortung ist »die ganze der *Wirklichkeit* angemessene Antwort des Menschen auf den Anspruch Gottes und des Nächsten«[5]. Also nicht ein moralisches Bewußtsein, sondern die Struktur der Sachverhalte unterwirft uns jenem Gefüge von Verweisungen, das unsere Verantwortung ausmacht. Durch seine konkreten Aufgaben wird der Träger der Verantwortung definiert. Genauer: Weil wir keine Automaten sind, sondern einen Spielraum verschiedener möglicher Handlungen haben, bestimmt die zeitliche Verfassung der Welt Reichweite und Grenzen unserer Verantwortung. Nimmt man beides zusammen, so

5 D. Bonhoeffer, Ethik, München 1992, 280.

ist die *Geschichte* die Instanz, vor der wir verantwortlich sind.[6] Sie zeichnet die Aufgaben und Probleme vor, von deren Bewältigung unsere Zukunft abhängt, und sie bringt die Folgen unserer Handlungen an den Tag. Dann aber erstreckt sich unsere Verantwortung weiter als der denkbare Umfang jeder möglichen Moral und jeder rechtlich geordneten Zuständigkeit. Sie reicht ebensoweit wie das Feld der Bedingungen unserer Geschichte, ihrer Abhängigkeit von Bodenschätzen, Klima oder Exportländern, umfaßt also nicht nur den Innenraum der Gesellschaft, sondern auch den Bereich der Natur: Pflanzen, Rohstoffe, Wasserhaushalt der Erde und vieles andere mehr.

Zur Verdeutlichung greife ich noch einmal das eingangs zitierte Beispiel auf: Wer war verantwortlich für den Unfall von Tschernobyl? Waren es die Wissenschaftler, waren es die Politiker, oder waren es am Ende die Ingenieure vor Ort, denen man »menschliches Versagen« vorwerfen müßte?

Setzen wir einmal voraus, daß sich Verantwortung an den absehbar zukünftigen Folgen meines gegenwärtigen Tuns oder Unterlassens bemißt – denn für das, was ich nicht absehen, also auch gar nicht mehr beeinflussen kann, kann mich auch niemand zur Rechenschaft ziehen –, dann wird deutlich, daß sich die »neue« Qualität der Gefahren und Risiken nicht einfach auf eine unbeherrschbare Natur oder – was auf dasselbe hinausläuft – auf eine unbeherrschbare Technik abwälzen läßt, sondern daß dieser qualitative Sprung auch eine neue Qualität des Menschen sichtbar gemacht hat. Denn fragt man, ob das zu erwartende, geschweige denn das hier tatsächlich eingetretene Ausmaß der Schäden sich überhaupt in eine Beziehung zu dem setzen läßt, wofür Menschen einstehen, das heißt was sie verantworten können, dann zeigt sich, daß hier eine Grenze überschritten worden ist, die jedem Handeln durch die Forderung der Verantwortung gezogen wird. Das Heidelberger Gutachten formuliert: »Bei kerntechnischen Anlagen übersteigt die Größenordnung möglicher Schadensfolgen jeden denkbaren Horizont, innerhalb dessen individuelle oder kollektive Subjekte ausgemacht werden könnten, die für diese Folgen eintreten, und eben das heißt: sie verantworten könnten.«[7]

Wer ist oder wer war verantwortlich? Die Antwort muß präzise lauten: *niemand,* weil niemand es sein kann. Angesichts der hier ausgelösten Folgen, die sich prinzipiell nicht überblicken, ge-

6 Vgl. G. Picht, Der Begriff der Verantwortung, in: ders., Wahrheit, Vernunft, Verantwortung, Stuttgart 1969 (318–342), bes. 327ff.

7 Kirchliches Jahrbuch 1986, 149.

schweige denn aufhalten oder korrigieren lassen, verliert der Begriff der Verantwortung seinen Sinn. Er wird methodisch sistiert. Wir sind überfordert. Man kann sich diesen Sachverhalt verschleiern und so tun, als wären wir jene »unendlichen« Subjekte, denen auch hier Überblick und Kontrolle nicht aus der Hand gleitet. Das macht die Zwiespältigkeit, die Ambivalenz der neuen Qualität des homo technicus aus. Theologisch gesprochen haben wir uns – noch ohne es zu merken und eigens darüber nachzudenken – an die Stelle Gottes gesetzt und unseren Ort in der Schöpfung verleugnet. Ob unsere Welt deshalb so aussieht, wie wir sie heute erleben – eine »Schöpfung am Abgrund« (Altner)?

4. Kriterien eines verantwortlichen Risikoverhaltens

Wie wäre der Rahmen unseres Handelns zu bestimmen, wenn man ihn unter der theologischen Kategorie der Schöpfung begreift? So zu fragen, heißt mit einer Unterscheidung zu rechnen, deren Tragweite wir erst heute zu erkennen beginnen: *Natur* ist »das Dasein der Dinge, sofern es nach allgemeinen Gesetzen bestimmt ist« (Kant). Diese Gesetze lernen wir bis in die Bereiche der atomaren und genetischen Struktur unserer Welt immer genauer zu erforschen, aber sie geben uns keinen Maßstab für den Umgang mit dieser Welt an die Hand. Die Folgen sind bekannt: Unsere Technik erzeugt Entscheidungssituationen, für die uns die Kriterien fehlen, nicht nur mangels subjektiver Kompetenz, sondern weil hier früher Unentscheidbares zur Entscheidung steht: die Lebenschancen künftiger Generationen, ja das Überleben der Erde selbst.
Schöpfung (Kreatur) hingegen ist mehr als Natur. Sie umfaßt dieselbe Welt, allerdings unter einer anderen Perspektive. Sie zeigt uns die »Dinge« im Horizont einer Erwartung, die sich auf die Zukunft (und darin eingeschlossen: auf die stets präsente Nähe) Gottes richtet. Pointiert gesagt: Die Natur verliert ihre Toten, die Schöpfung verliert sie nicht, sondern bewahrt sie zur Auferstehung in einem neuen Leben. Erst im Blick auf die Bestimmung der Welt als Schöpfung – so lautet die hier zu entfaltende These – lassen sich Signalkriterien (Henssen) gewinnen.
(1) Das erste und wichtigste Kriterium für den verantwortlichen Umgang mit »riskanten« Technologien ist die Respektierung kreatürlicher *Grenzen*.

Die von Gott geschaffene Welt ist eine begrenzte Welt (Ps 104,9). Ihre Erschaffung wird als eine Folge fortschreitender Grenzziehungen stilisiert: Sie tritt als ein differenzierter, in die Lebensräume

von Himmel und Erde, Nacht und Tag, Meer und Land gegliederter Kosmos ins Dasein. »Schaffen« – in dem analogielosen Sinn, in dem die Bibel das anfängliche Tun Gottes beschreibt –, heißt Grenzen setzen und dadurch definierte Verhältnisse und Beziehungen stiften, die der Grund dafür sind, daß alles Leben sich durch Auswahl und Entscheidung von Möglichkeiten entwickelt. Die Welt ist als ein geordnetes Relationengefüge erschaffen; in diesem Netz definierter Beziehungen finden wir uns vor. Es ist die unhintergehbare Basis des Lebens, weshalb seiner Erschaffung auch in Zukunft – alle zweideutigen Erfolge der Genetik eingerechnet – kein menschlicher Schöpfungsakt an die Seite zu stellen sein wird. Erst im Tod – deshalb hat man ihn als »Verhältnislosigkeit« (Jüngel) beschreiben können – brechen diese Beziehungen auseinander.
Aus diesem Grund wird als die erste Sünde des Menschen – als »Sündenfall« – die Überschreitung seiner kreatürlichen Grenzen geschildert. Denn der Baum in der Mitte des Gartens (Gen 3,3) ist das Symbol dieser Grenze.[8] In der Mitte unseres Daseins stoßen wir auf sie, nicht erst an seinem Rand. Sie stellt das Ideal der Grenzenlosigkeit – »Wenn es Götter gäbe, wie hielte ich's aus, kein Gott zu sein!« (Nietzsche) – in Frage. Weil außer dem Menschen kein anderes Lebewesen diese Grenzen zu überschreiten vermag, ist er selber das größte Risiko der Schöpfung.

(2) Ein zweites Kriterium für die verantwortliche Einstellung zu technisch bedingten Risiken ist die Beachtung kreatürlicher *Maße*.

Maße – in der Sprache der modernen Ökologie: Fließgleichgewichte – haben es mit den inneren Proportionen der Schöpfungswelt zu tun. Sie sind keine Elemente einer Operation des Messens, sondern immanente Bestimmungen der Phänomene, die wir messen. Ein Gebäude hat dann die rechten Maße, wenn es dem Leben, das seinem Schutz anvertraut ist, eine Ordnung gibt, in der es gedeiht. Umgekehrt zerstört eine maßlose Architektur – man denke an das ›Märkische Viertel‹ in Berlin – die psychosoziale Struktur ihrer Bewohner. Sie führt zu äußerer und innerer Orientierungslosigkeit bis hin zur Kriminalität. Die biblische Überlieferung zählt zu diesen Maßen die Gerechtigkeit (im Gegensatz zur Gewalttat), den Frieden, auf den hin die Welt aller Erfahrung zum Trotz grundsätzlich disponiert ist, oder die Schönheit der Natur, die wir inzwischen als ein hochempfindliches ökologisches Kriterium zu verstehen gelernt haben. Maße sind Orientierungshilfen im Umgang mit der

8 Vgl. D. Bonhoeffer, Schöpfung und Fall, 1989, 80.

Natur. Wer sich über sie hinwegsetzt, bedroht die naturgeschichtliche Zukunft der Erde.

(3) Aus (1) und (2) ergibt sich als weiteres Kriterium die Respektierung bestimmter *Rechte* der Natur etwa auf Erhaltung und Entfaltung ihres genetischen Erbes oder auf den Schutz ihrer Ökosysteme.

Die Risikobereitschaft unserer Großtechnik ist nicht zuletzt eine Folge ihrer undiskutiert vorausgesetzten anthropozentrischen Sicht, als stünde nur unser Leben und Überleben auf dem Spiel. Kann aber das menschliche Nutzungsinteresse (etwa an der Nordsee) höher stehen als das Existenzrecht seltener Arten, die nur noch an wenigen Stellen der Erde vorkommen? Ist es hinnehmbar, daß Zugvögel durch menschliche Überbauung ihrer Flugrastplätze ihre Existenzmöglichkeit verlieren?
Unter Rechten der Natur sollen hier – wie im Falle der Menschenrechte – unverfügbare Statusrechte verstanden werden. So ist die »Würde« des Menschen keine angeborene, ihm inhärente Qualität, sondern Ausdruck seiner Unverfügbarkeit als Person, die ihm von Gott zugesprochen wird. Sie hat den Sinn, genau das offen zu halten, was die autonome Vernunft verfügbar machen will, indem sie ihn ihrer Gesetzgebung unterwirft. In einem analogen Sinn gibt es auch eine Unverfügbarkeit der *Natur,* die ihren biblischen Ausdruck darin findet, daß sie als Partnerin in Gottes Bund aufgenommen ist (Gen 9,9ff). Unantastbar ist ihre Würde, die sich in den Grenzen und Maßen der Schöpfung ausspricht. Sie ist als regulatives Prinzip von Grundrechten der Natur geltend zu machen. Damit wird zugleich das Mißverständnis ausgeschlossen, als ob die Respektierung dieser Rechte ein ›unversehrtes‹ Naturverhältnis zur Voraussetzung haben müßte, das es für das Kulturwesen Mensch nun einmal nicht gibt. Wohl aber würde die Anerkennung eines solchen Prinzips die Gewähr dafür bieten, daß die Natur selbst als Basis der Lebensbedingungen kommender Generationen in ihrer Integrität erhalten bleibt. Deshalb stehen die Rechte der Natur in einem unmittelbaren Zusammenhang mit der begründeten Forderung unveräußerlicher Rechte künftiger Generationen.

(4) Das weiteste Kriterium für den verantwortlichen Umgang mit technisch bedingten Risiken läßt sich daher in der Form eines Fairneß-Prinzips formulieren »Die Freiheit der nach uns Lebenden zur Selbstbestimmung darf keinen größeren Einschränkungen unterlie-

gen als solchen, die wir selbst von unseren Vorgängern hinzunehmen bereit wären«[9].

Dies Prinzip formuliert die Konsequenz aus der Goldenen Regel der Bergpredigt (Mt 7,12): Ethisch unannehmbar ist jedes Risiko, das unsere Enkel der Lebensmöglichkeiten und Chancen beraubt, die wir selbstverständlich für uns in Anspruch nehmen. Das Bestreben, die eigene Lebensqualität zu steigern (oder auch nur zu sichern), findet an den Lebensmöglichkeiten künftiger Generationen seine Grenze. Als Vorzugsregel ausgedrückt heißt das: Im Konflikt zwischen dem ökologischen Interesse an der Erhaltung natürlicher (insbesondere genetischer) Ressourcen und dem ökonomischen Interesse an einer Steigerung von Wachstum und Wohlstand kommt der ökologischen Option der ethische Vorrang zu, weil Basisgüter den Vorrang haben vor solchen, die von dieser Basis abhängen. Daran gemessen scheint mir für die ethische Beurteilung moderner Risiken die Eintrittswahrscheinlichkeit eines Unfalls eher zweitrangig zu sein.
Eine moderne Verantwortungsethik – darin weiß ich mich mit Hermann Henssen einig – wird dem »unkritischen Glauben an die technische Machbarkeit« gesellschaftlicher Veränderungen widersprechen. Deshalb wird sie bei der Bewertung des heute Möglichen die Grenze menschlicher Verfügungsgewalt nicht aus dem Auge verlieren dürfen, weil nur so allem Lebendigen das Recht auf eine eigene Zukunft offengehalten wird.

9 Kirchliches Jahrbuch 1986, 141 (Thesen der FEST).

19.
Klaus Schultze
Ethik, christliche Hoffnung und Bewahrung der Schöpfung

Professor Dr. Klaus Schultze

Spätestens seit der Klimakonvention in Rio de Janeiro ist der Welt bekannt, daß Klimaänderungen auf uns zukommen, die in einzelnen Regionen katastrophale Folgen haben werden. Dementsprechend verlangt die Konvention eine Reduktion der weltweiten Kohlendioxydemissionen und damit gleichzeitig eine Änderung unserer Technik und unseres Verhaltens. Es geht darum, die Änderungen in der Zusammensetzung unserer Atmosphäre so zu beschränken, daß für Mensch, Natur und Ökosysteme ein erträglicher Zeitraum zur Anpassung offen bleibt.
Aber seit der Unterzeichnung der Konvention durch nahezu 200 Staaten fehlt die Umsetzung dieses Zieles in ein entsprechendes Handeln auf globaler wie auf regionaler Ebene. Dabei ist das Hauptproblem nicht die Unvollkommenheit unserer wissenschaftlichen Prognosen, nicht die Lückenhaftigkeit unserer Kenntnisse über die Folgen unserer Energiewirtschaft, sondern das Verhalten unserer Gesellschaft und nicht zuletzt unser eigenes Verhalten. Es geht darum, daß wir auf das, was wir über anstehende Klimaänderungen nur zu genau wissen, nicht konsequent und schnell reagieren.
Es besteht eine große Diskrepanz zwischen den Ansprüchen des einzelnen, unser aller Hoffnung auf Stärkung der Individualität und Ausweitung der Erfahrungsräume für die eigene Persönlichkeit und den Möglichkeiten, die uns verbleiben. Es ist undenkbar, daß für die gegenwärtig große Weltbevölkerung allgemein der Wohlstand, die Mobilität und die Bequemlichkeiten erreicht werden können, an die wir uns in Westeuropa gewöhnt haben. Wir brauchen einen neuen, in mancher Hinsicht eingeschränkten Lebensstil, den wir hoffentlich mit einer hohen Lebensqualität verbinden können. Dies ist aber nur möglich, wenn ethische Maßstäbe in neuer Weise ernst genommen werden. Auch ist es schwer, darüber anders als fragmentarisch zu reden. Deshalb ist dieser Beitrag als Anregung gemeint und hat die Form von Thesen.

Thesen

1. Eine *neue Ethik ist ein Grundbedürfnis unserer Generation* aus dem Mangel an Zuversicht, daß wir menschenwürdig überleben, und aus dem Bewußtsein heraus, daß heute das wirkungsvolle Auftreten eines Anwaltes späterer Generationen nötig ist. Ethik-Kommissionen entstehen in unterschiedlichen Zusammenhängen und mit unterschiedlichen Zielsetzungen.

2. *Ergebnisse von Kommissionen werden auf eine allgemein verbindliche Ethik zielen und sich weitgehend an Rechtsbegriffe anlehnen* (z.B. an das Verursacherprinzip). Der eigentliche Inhalt der Ethik muß aber über Gerechtigkeit hinausgehen. In Europa werden Elemente seiner humanistischen Tradition genutzt werden können. Dabei kann jedoch ein tragfähiger Konsens nur auf einer gemeinsamen Zukunftshoffnung basieren. Schlicht gesagt wird diese sein, daß nachfolgende Generationen später in einer harmonieorientierten und langfristig möglichst stabilen Welt leben werden.

3. *Christliche Ethik ist anders; sie ist in tiefem Sinne radikal.* Sie enthält die Bereitschaft zu stellvertretendem Leiden, ohne dieses zu suchen. Schwer zu begründen ist gerade Leiden ohne Märtyrerrolle, d.h. Leiden im nicht spektakulären oder gar nicht beachteten Bereich. In der theologischen – leicht als evangelikal mißverstandenen – Sprache heißt dies: Leben in der Nachfolge Jesu Christi.

4. Nachfolge Christi mag nur für eine Minderheit in Frage kommen, aber auch für diese bedeutet sie – wenn sie sich denn im öffentlichen Leben und nicht im geschätzten Raum der Kirche vollziehen soll – die Konfrontation mit nahezu unüberwindlichen Schwierigkeiten. Ihr sind die alten Grundlagen mit dem Verblassen der heiligen Bilder entzogen. Die fortgesetzte Aufklärung hat dem menschlichen Ich nach Weizsäcker[1] entscheidende Kränkungen zugefügt. Zu diesen Kränkungen gehört letzten Endes auch die Entmythologisierung, und die folgenschwerste bleibt wohl der Wegfall der Hoffnung auf eine persönliche Auferstehung.

5. Jesus und die Apostel haben in und aus der Erwartung des Anbruches von Gottes Reich gelebt. Die Maßstäbe ihrer Handlungen beruhten also leider auf einer Täuschung. Danach hat die Christenheit fast zweitausend Jahre lang aus der Hoffnung auf die Auferste-

1 C.F. von Weizsäcker: Deutlichkeit, München.

hung gelebt. Dieser Hoffnung entsprach eine gewisse Tradition des Dienens und selbstlosen Handelns, die noch bis in die Katastrophe des Zweiten Weltkrieges hinein und auch noch in der allerersten Nachkriegsphase zu spüren war.
Heute ist die Auferstehungshoffnung ebenso wie das Dienen praktisch verschwunden. Aber auch wenn dies mit Ergebnissen der modernen Wissenschaft und ganz besonders auch mit der modernen Psychologie begründet werden kann, ist dieses doch ein unersetzlicher Verlust.
Gemeint sind: die Wende im Verständnis der kosmischen Rolle der Erde (seit Galilei) und im Verständnis des Menschen seit der Entwicklungslehre und der modernen Psychologie (Darwin und Freud).

6. Dieser Verlust der Auferstehungshoffnung ist möglicherweise nicht endgültig oder vielleicht doch wenigstens durch komplementäre Bilder kompensierbar. *Aber wir haben keine tragfähigen äquivalenten Bilder, und deshalb ist dieser Verlust äußerst schmerzhaft.*

7. Selbst im ungünstigsten Fall, wenn von der einstigen Hoffnung nichts mehr außer dem Schmerz und seinen Folgen übrig wäre, bliebe die Frage, ob die Existenz des Schmerzes alleine nicht doch etwas über die Gültigkeit unserer alten Bilder und die Wahrheit der Auferstehung aussagt. Aber diese letzte Alternative kommt nicht auf die Ebene unseres Nachdenkens und unserer Sprache. Statt dessen wird der Verlust der Auferstehungshoffnung verdrängt, um die zugehörige Spannung nicht aushalten zu müssen. Die meisten fliehen dementsprechend in den geschätzten Raum der Erfahrungswelt evangelikaler und fundamentalistischer Gruppen oder in unverbindliche allgemeine Spekulationen über Geist, Energie oder gar Astrologie. New Age ist dafür eines der bekanntesten und gleichzeitig eines der schlechtesten Beispiele.
In jedem Fall geht durch Verdrängung die Fähigkeit verloren, wirklich »zu sehen«, wie Weizsäcker in unterschiedlichen Zusammenhängen immer wieder betont hat. Weder stellt sich die Theologie wirklich der Tiefenpsychologie, noch versucht sie, hilfreiche Analogien aus dem Erkenntnisprozeß der modernen Physik und der Kosmologie ernstlich zu verarbeiten.

8. Der Blick auf die Zukunft des Ich ist also besonders stark verstellt. Aber auch andere, allgemeinere und irdische Zukunftshoffnungen sind seit dem Scheitern der kommunistischen Utopie einer

klassenlosen Gesellschaft unglaubwürdig geworden. Schließlich ist das Reden der Kirche vom Reich Gottes gleichzeitig so traditionell und so nebelhaft, daß schlußendlich überhaupt keine Basis für eine radikale Ethik aus Hoffnung vorhanden ist.

9. Gerade wenn die Frage nach unserer Zukunft an den Grundfesten des Glaubens rüttelt, wird es entscheidend, die trotz allem verbindende Hoffnung und das Vertrauen auf Gottes Schöpfung zu betonen. Dies heißt heute, im Vertrauen auf Gott und seine Schöpfungsordnung, aber auch reinen Herzens und furchtlos in Alternativen unserer Hoffnungsbilder bzw. in Alternativen unserer Handlungs- und Verhaltensoptionen zu denken, ohne die Wahrnehmung durch dogmatische Scheuklappen einzuengen. Dieses Denken in Alternativen muß in der Kirche zunächst in geeigneten Gesprächen zwischen Theologen und kompetenten Laien gemeinsam geschehen und erprobt werden.
Der innere Aufwand, den heute noch ein so namhafter und vertrauenswürdiger Theologe wie Heinz Zahrnt treibt bzw. treiben muß, um seine Abscheu vor der Vorstellung einer ewigen Verdammnis zu rechtfertigen[2], zeigt, wie schwer innere Freiheit für Theologen zu erringen ist, die zur Rechtfertigung durch den rechten Glauben erzogen worden sind.

10. Mögliche Alternativen zur Ethik aus Hoffnung sind in gewissem Sinne Ethik aus Furcht bzw. Ethik aus Weitsicht. Hierhin gehören die Erfahrungen des Alten Testamentes mit den Propheten. Nicht nur in unserer Kirche, sondern allgemeiner leben die Menschen in Europa in der Furcht vor einem schrecklichen Gericht. Wie auch immer sich diese Furcht manifestiert, beispielsweise in der Angst vor einer neuen Sintflut (Baseler Manifest) oder einem möglicherweise sogar unbeabsichtigten Atomkrieg, die Furcht gilt dem Schicksalhaften, dem Unentrinnbaren, aber der Gedanke an ein göttliches Gericht wird weitgehend verdrängt, wenn auch nicht so stark wie der Gedanke an die Auferstehung.

11. Carl Friedrich von Weizsäcker[3] hat versucht – wohl ganz gegen seine eigene innere Verletzlichkeit –, die Todesfrage rein rational zu verarbeiten und sich die Hoffnung auf einen Fortbestand des Ich zu verbieten. Andererseits spricht er aber davon, daß »die Physiker die Sünde kennengelernt haben«, und beschreibt seine Furcht vor

2 Heinz Zahrnt: Mutmaßungen über Gott, München.
3 C.F. von Weizsäcker: Der Garten des Menschlichen, München.

dem göttlichen Gericht. Wir müssen in unserer zielorientierten Glaubensmeditation mit der Gerichtsfrage anfangen.

12. Die Fakten wirken lähmend.
a) Die Welt war nachweislich so nahe an einer Vernichtung des menschlichen Lebens auf der nördlichen Halbkugel, daß man schließen muß: Es gibt keine Katastrophe, die so total und so groß ist, daß sie nicht durch menschliches Verschulden ausgelöst werden kann.
b) So sehr die Kirche in Ostdeutschland sich im Rahmen ihrer Möglichkeiten der Gefahr gestellt hat, so sehr hat die westliche Kirche die Gefahr verdrängt. Statt diese zu erkennen, haben ihre Gremien (insbesondere während der Heidelberger Gespräche) die Fragen falsch gestellt und das Problem personalisiert. Das Schwergewicht wurde auf die Frage verlegt, ob derjenige, der sich für die fortgesetzte Atomrüstung entscheidet, noch ein Christ ist oder sein kann. Dieser Personalisierung des Problems entsprach dann die zusätzliche Frage, ob die Kirche überhaupt etwas tun kann, wenn die Hälfte ihrer verantwortlichen Mitglieder für und die andere gegen den Besitz von Atomwaffen (bzw. die Möglichkeit der Drohung mit diesen Waffen) eintritt. Diese Gremien waren nach den gesellschaftlichen Gruppen paritätisch besetzt, und natürlich können alles entscheidende Zukunftsfragen nicht auf diese Weise durch Mehrheitsentscheidungen gelöst werden. Erst in Basel und damit auch viel zu spät haben sich im Namen der Kirche betroffene europäische Naturwissenschaftler den Fragen voll gestellt und die Gefahren beim Namen genannt.

13. Das Grauen des Holocausts und die Größe der Atomkriegsgefahr, die an unserer Generation vorübergegangen ist, stehen in keinem Verhältnis zur Schuldhaftigkeit des einzelnen verantwortlichen Menschen, seinen Entscheidungsmöglichkeiten, seinen Fehleinschätzungen, seiner Verdrängung und seinem Egoismus. Für die wenigen, die die Gefahr eines unbeabsichtigten Atomkrieges gespürt haben, steht dieses außer Zweifel. Im Grunde war aber schon an der Person Eichmanns deutlich geworden, daß der einzelne Mensch für die Größe des Grauens und der Vernichtung zu klein sein kann.

14. Das Alte Testament ist die Geschichte eines ganzen Volkes und seines Verhältnisses zu Gott. Darüber können und müssen wir neu nachdenken. Die entscheidende Frage ist, wer in unserem Zusammenhang einer neuen Ethik das geeignete Subjekt der Verantwor-

tung ist. Es gibt zu denken, daß heute im kollektiven Unterbewußten eine moralische Leistung unserer Generation oder schlicht der Gemeinschaft ausgesprochen erwartet wird, auch wenn die Bereitschaft des einzelnen, Opfer oder gar persönliche Schuld auf sich zu nehmen, in bedrückender Weise zurückgeht. Dies wird nicht einmal als Gegensatz empfunden, und es bleibt auch unklar, wer diese Gemeinschaft oder dieses Volk sein kann. Könnte es Europa als Ganzes mit seiner christlichen Geschichte sein? Nach Basel ist dies denkbar. Was sind in diesem Zusammenhang prophetische Aussagen? Was sind die Zusagen Gottes an Europa, und wie würden göttliche Strafen aussehen? Was würde eine zweite Sintflut für Europa bedeuten?

15. Die Frage nach einer gemeinsamen Zukunftshoffnung für Europa bleibt schwierig, aber vielleicht gibt es in der Kirche einen Konsens in bezug auf das notwendige Engagement, sich für die nächste Generation auch unter nennenswerten Risiken einzusetzen. Dieses Engagement wird sich nur in sichtbare Taten umsetzen lassen, wenn die Gremien der Kirche fähig werden, die Wahrheit über die Zukunft zu sehen. Davon sind sie aber heute noch weit entfernt, weil diese Wahrheit eine radikale Ethik fordert und allen vordergründigen Selbstverwirklichungsvorstellungen der modernen Psychologie eine Absage erteilt.

20.
Martin Honecker
Zur Ethik institutionellen Handelns

Beim Thema »Ethik institutionellen Handelns« ist nach der moralischen Zuständigkeit bei vorgeprägten, überindividuellen Entscheidungen zu fragen, also auch danach, wer bei kollektiven Entscheidungen zuständig ist und wer Verantwortung trägt, wenn anonyme Instanzen tätig werden?

Gelegentlich ist von der Verantwortung der Gesellschaft, der Wissenschaft, der Wirtschaft, der Energieunternehmen, der Naturwissenschaftler die Rede, also von einem Abstraktum, einem Kollektivum. Was aber heißt das? Das Gerede von Verantwortung – der Verantwortung der Politik beispielsweise – ist inzwischen schon nahezu inflationär geworden. Wenn man freilich für alles und für jedes, was auf der Welt geschieht, verantwortlich sein soll und Verantwortung trägt, dann ist man tatsächlich faktisch der Verantwortung ledig. Auch gegenüber einem christlichen Hinweis auf eine universale »Welt«verantwortung ist Skepsis angebracht. Solche umfassende Verantwortung setzt nämlich Allzuständigkeit, sogar Allmacht voraus. So dient der Hinweis auf eine globale und totale Verantwortung oftmals vielmehr gerade dazu, sich zu entlasten. Man möchte zwar wohl Verantwortung tragen, kann aber mangels Einfluß und Macht gerade nichts erreichen. Die Beschwörung der Verantwortung wird damit zum Anlaß für larmoyantes Klagen, zur Anklage anderer und zur Berechtigung für Kritik. Die Beanspruchung einer Verantwortung von Wissenschaft und Technik für ihre Folgen, die Einforderung der Verantwortlicheit von Naturwissenschaftlern und Technikern ist daher im einzelnen zu betrachten.

Unstrittig ist, daß jeder Mensch in seinem persönlichen Lebenskreis individuelle Verantwortung trägt; unstrittig ist auch, daß alle Bürger in einer Demokratie politische und soziale Mitverantwortung haben. Zu klären ist jedoch, wie weit solche Verantwortung reicht und wie sie sachgerecht, wirksam und erfolgreich wahrzunehmen ist. In diesem Zusammenhang ist eine Reflexion auf institutionelles Handeln notwendig.

1. Die Herkunft des Gedankens der Verantwortung

»Der Begriff Verantwortung hat Hochkonjunktur. Unklar ist, ob dies als Anzeichen wachsender moralischer Sensibilität oder zunehmender Erosion individueller Verantwortlichkeit zu deuten ist.«[1] Verantwortung ist ein Relationsbegriff. Er ist ein mindestens fünfstelliger Beziehungsbegriff. Zu fragen ist: Wer ist für was gegenüber oder für wen vor welcher Instanz im Blick auf welche Standards, welches Normensystem verantwortlich?[2]

Am Ursprung christlichen Verständnisses von Verantwortung steht der Apostel Paulus. Er erinnert die Christen in Korinth an eine letzte, eschatologische Verantwortung. Paulus mahnte: »Wir müssen alle offenbar werden vor dem Richterstuhl Christi, damit jeder empfange nach dem, was er getan hat bei Lebzeiten, es sei gut oder böse« (2Kor 5,10). Der Ort der Behaftung auf Verantwortung ist nach urchristlicher Überzeugung das Jüngste Gericht. Besonders eindrücklich ist dies gerade in der von der mittelalterlichen Kunst vielfach dargestellten Szene vom Weltgericht (Mt 25,31–46) geschildert.

Der Begriff Verantwortung ist in der deutschen Sprache jedoch erst neueren Datums. Er ersetzt den lateinischen Begriff *Imputatio,* Anrechnung. Imputatio ist der Fachterminus für das Anrechnen, die Zurechnung von verdienstlichen oder schuldhaften Handlungen, also ein Haftbarmachen für Handlungsfolgen.

Der Begriff Imputatio, Zurechnung, hatte eine hervorgehobene Bedeutung im Recht und in der mittelalterlichen Theologie, in der Lehre von Rechtfertigung und Gnade. Welche Gnadenerweise oder Werke wurden unter welchen Voraussetzungen angerechnet? Das Wort Verantwortung kommt im Deutschen ferner zuerst in der Rechtssprache vor. Es besagt: Sich vor einer Gerichtsinstanz erklären, auf Befragen antworten. Mit dieser Erklärung kann man außerdem die Thematik der Verantwortung bis in die Anfänge der Ethik zurückverfolgen – also zurück zu Aristoteles. Dabei spielt seit den Überlegungen von Aristoteles für die Zurechenbarkeit von Handlungsfolgen (Eth. Nic III, 1ff. u.ö.) die Bedingung der Freiwilligkeit *(Hekusion)* und des Entschlusses (*Prohaireis,* Vorsatz) eine

1 Art. Verantwortung, in: Lexikon der Wirtschaftsethik, (hg. von G. Enderle u.a.), Freiburg 1993, 1185–1192, Zitat: 1185.

2 Zur Geschichte des Verantwortungsbegriffs vgl. Martin Honecker, Einführung in die theologische Ethik, Berlin 1990, S. 327–337.

zentrale Rolle.[3] Vorausgesetzt ist dabei für die Ausübung von Verantwortung, nämlich für die Ermöglichung von Handeln, Handlungsfreiheit. Handlungsfrei sind jedoch nur sprachfähige Wesen; nur sie können nämlich antworten, Rechenschaft geben über ihr eigenes Tun und sich eine eigene Meinung bilden, somit Folgen abschätzen, Handlungsalternativen prüfen, zielbewußt handeln, kurzum: Sie können wissen, was zu tun ist.

2. Das Verständnis von Verantwortung im 20. Jahrhundert:

Max Weber hat wirksam als Idealtypus den Gegensatz von Verantwortungsethik und Gesinnungsethik formuliert (in: »Politik als Beruf«, 1919[4]). Die schlagwortartige Entgegensetzung von Verantwortungsethik und Gesinnungsethik führt jedoch in eine fragwürdige Alternative. Die Leitfrage muß, gegen Max Webers Antithese, vielmehr lauten: Aus welcher Gesinnung heraus nehmen wir welche Verantwortung wahr? Auch eine Gesinnungsethik muß nämlich die faktischen Konsequenzen und die vorhersehbaren Folgen eines Handelns zumindest mitbedenken. Umgekehrt gibt es keine moralische Verantwortung ohne irgendeine Gesinnung, ohne Charakter, ohne Grundorientierung.
In den 20er Jahren hat sodann Martin Buber einen anderen Aspekt der Verantwortung betont.[5] Martin Buber verweist auf die dialogische Struktur der Verantwortung in der Ich-Du-Beziehung. Die Berufung auf Verantwortung begründet eine dialogische Ethik der personalen Beziehungen. Im Blick auf Bubers dialogischen Personalismus bleibt zu fragen, inwieweit er neben der Ich-Du-Relation die Ich-Es-Relation, den Sachbezug, berücksichtigt.
Wilhelm Weischedel deutet Verantwortung existenzphilosophisch.[6] Weischedel steht unter Heideggers Einfluß. Verantwortung ist für ihn eine Existenzentscheidung, in der eine Abkehr vom »Man«, der Uneigentlichkeit, und eine Besinnung auf die Eigentlichkeit geschieht. Verantwortung wird hier betont als Selbstverantwortung, Verantwortung vor sich selbst, für sich selbst, als

3 Vgl. den Artikel Verantwortung in: Staatslexikon, Bd. 5, 1989, 589–593, von Maximilian Forschner. Forschner diskutiert das Thema Verantwortung aus der Perspektive von Handlungsfreiheit und Willensfreiheit.

4 Max Weber, Politik als Beruf (1919), in: Gesammelte Politische Schriften, Tübingen, 1971[3], S. 505–560.

5 Vgl. zu Martin Buber: Walter Schulz, Philosophie in der veränderten Welt, Pfullingen 1972, S. 629ff. Verantwortung; S. 710–717: zu Martin Buber und Max Weber.

6 Wilhelm Weischedel, Das Wesen der Verantwortung, 1933, 1958.

Selbstverantwortung bestimmt. Verantwortung meint den Selbstbezug der Existenz.

Erst nach 1945 wird Verantwortung erneut und betont zum Leitbegriff. Dietrich Bonhoeffer hat in den Fragmenten der »Ethik« die »Struktur verantwortlichen Lebens« erörtert.[7] Bonhoeffers hauptsächliche Aufmerksamkeit gilt der Zuordnung von Christologie und allgemeiner Ethik. In den konkreten Überlegungen orientiert er sich ferner an der Ausnahmesituation, an der besonderen Konfliktlage des Widerstandes. Daher betont er: »Die außerordentliche Notwendigkeit appelliert an die Freiheit der Verantwortlichen.« Verantwortung als freies Wagnis durchbricht Konventionen; mit den Überlegungen zur Notwendigkeit von Stellvertretung und zur Bereitschaft zur Schuldübernahme verdeutlicht Bonhoeffer das Profil von Verantwortung.

Im Blick auf Bonhoeffers eindrucksvolle Überlegungen bleibt jedoch zu fragen, inwieweit die Ausnahmesituation des Widerstandes verallgemeinerbar und in die alltägliche Verantwortung zu übernehmen ist. Der heute oftmals vergessene Georg Picht hat sehr intensiv die Veränderung von Verantwortung in der modernen Welt untersucht.[8] Georg Picht hat – verglichen mit den vorhergehenden Überlegungen – schon die Veränderung im Verständnis von Verantwortung durch die Großorganisation der Wissenschaft erkannt. Wissenschaft ist heute nicht Sache des einzelnen, sondern ein Gemeinschaftsunternehmen. Im kooperativen Handeln ist individuelle Verantwortung nicht mehr möglich. Pichts Leitfrage ist daher: Was konstituiert überhaupt Verantwortung? Wer kann überhaupt noch Träger von Verantwortung sein, wer ist letztlich verantwortlich? Wird nicht Verantwortung anonym?

Die neuzeitliche Philosophie ging seit Decartes aus von der Selbstverantwortung des handelnden Subjekts. Die eigene Tätigkeit begründet folglich eine Verantwortung vor dem eigenen Gewissen. Die wissenschaftlich-technische Revolution schafft dagegen neue Verantwortungszusammenhänge. In der Gegenwart erwächst Verantwortung aus Aufgaben, und das besagt aus gewachsenen und erhöhten Machtpotentialen.

7 Dietrich Bonhoeffer, Ethik, München 1984, S. 238–269: Die Struktur des verantwortlichen Lebens. S. 270–278: Der Ort der Verantwortung: Der Beruf, Zitat S. 254.

8 Georg Picht, Wahrheit, Vernunft, Verantwortung, Stuttgart 1969, darin: S. 318–342: Der Begriff der Verantwortung; S. 343–372: Struktur und Verantwortung der Wissenschaft im 20. Jahrhundert; ders.,Verantwortung des Geistes, Stuttgart 1969.

Verantwortung hat es mit Handlungsmöglichkeiten, hat es mit Macht zu tun. Der moderne Mensch hat Macht über die Natur; er übt Herrschaft aus. Kernenergie, Gentechnik sind Eingriffe in die Natur als solche und dadurch Weisen der Beherrschung, der Machtausübung. Eine Beschränkung der Verantwortlichkeit auf die Fähigkeit individueller Verantwortung greift dabei zu kurz. Picht fragt zugespitzt: Gibt es angesichts dieser Entwicklung überhaupt noch ein Subjekt, das als solches Verantwortung wahrnehmen kann: Wer könnte als Subjekt benannt werden: die Politik, die Menschheit, die Wissenschaft, auch die Kirche. Wer aber ist das? Wer ist die verantwortliche Instanz?

Hans Jonas hat das Konzept des Prinzips der Verantwortung als Gegenentwurf zu Ernst Bloch »Prinzip Hoffnung« konzipiert.[9] Bloch richtet sich an der Utopie, an den Hoffnungen und Wünschen in der Zukunft aus. Hans Jonas richtet den Blick auf das uns Anvertraute, Vorgegebene. Der Blickwechsel von der Zukunft zur Bewahrung des Vorgegebenen der Natur, dem Menschen Anvertrauten, die Abkehr von der Utopie einer besseren Welt zur wachsamen »Heuristik der Furcht« angesichts der Zerstörung der natürlichen Grundlagen, ist Zeichen eines Wandels des Blickwinkels wie der Weltdeutung. Jonas vertritt aufgrund seiner Perspektive eine restriktive Ethik der Bewahrung. »Schließe in Deine gegenwärtige Wahl die zukünftige Integrität des Menschen als Mit-Gegenstand deines Wollens ein.«[10] Die Konsequenz ist für ihn ein möglichst völliger Risikoausschluß. Die praktische Konsequenz von Jonas' »Prinzip Verantwortung« ist ein zu rigoroser und zu enger Maßstab. Nicht der völlige Risikoausschluß, das Vermeiden jeder erkennbaren Gefahr, sondern nur die Zumutbarkeit nach Größe von Risiken ist zu vertreten. Andernfalls bleibt man in der Statik der Bewahrung des Gegebenen gefangen und verwirft mit den Risiken auch die Chancen. Dynamische Entwicklungen können nicht jedes Risiko vermeiden.

Das Ergebnis des kurzen Rückblicks ist: Verantwortung hat einen Außenbezug, einen »Gegenstand«. Sie ist konkret Verantwortung für etwas. Verantwortung setzt ferner eine Orientierung an praktischen Gesetzen, Regeln, Normen voraus (Gemäß welchem Maßstab wird gehandelt?) oder einen Konsens darüber, was man zu tun hat und was man unterläßt. Verantwortung hat sodann einen Regelbezug. Sie geschieht konkret in der Selbstbindung an anerkannte

9 Hans Jonas, Das Prinzip Verantwortung, Frankfurt/Main 1979.
10 Hans Jonas, a.a.O., S. 36.

praktische Grundsätze. Unterstellt wird dabei jedoch eine zustimmungsfähige Einsicht, die Plausibilität von Vernunft.
Verantwortung umfaßt sodann einen Bereich: Man ist für andere stellvertretend zuständig. Dietrich Bonhoeffer und Georg Picht verweisen auf dieselben Beispiele: Eltern entscheiden und handeln für ihre unvernünftigen Kinder, ein Staatsmann trägt Verantwortung für sein Volk, für das »Gemeinwohl«. Verantwortung betrifft Dinge. Techniker sind für ihre Anlage, Lokomotivführer für die Lokomotive, für den Zug und deren sachgerechte Bedienung zuständig, verantwortlich, und haftbar.
Wer sind jedoch die Entscheidungsträger, die Subjekte, bei einer »kollektiven« Verantwortung?
Schließlich ist zu erwägen: Gegenüber welcher Instanz wird Verantwortung wahrgenommen? Vor welchem Forum, wem gegenüber wird man zur Verantwortung gezogen: vor der Gesellschaft, der politischen Mehrheit, dem eigenen Gewissen, vor der Geschichte?
Das Thema Verantwortung verweist also auf letzte Selbstdeutungen der eigenen Eistenz, des menschlichen Lebens, auf Sinn und Ziel der Lebensführung wie des Weltgeschehens.
Heute hat sich eine undurchschaubare, globale Ausweitung der Verantwortungsbereiche vollzogen. Infolge der Größenordnung der Veränderungs- und Destruktionspotentiale wird Verantwortung komplizierter, schwieriger, unfaßbarer. Was kann man heute denn überhaupt noch verantworten? Zu denken ist nur an den Ressourcenverbrauch der Menschheit, an Bevölkerungswachstum, an die Frage, was ist in der heutigen Welt »sustainable«, überlebensfähig? Wer kann dem Anwachsen der Bedrohungen der Menschheit Grenzen setzen? So stellt sich heute die Frage nach der Möglichkeit und nach den Bedingungen von Verantwortung.

3. Praktische Kriterien der Verantwortung

In diesem Kontext stellt sich die Frage nach der Verantwortung der Wissenschaft und in der Wissenschaft.[11] Die Fragestellung ist nunmehr eine spezifische. Es geht um Verantwortung in den Wissenschaften, sowohl den Naturwissenschaften wie den Geisteswissenschaften.Vorausgesetzt ist dabei eine Unterscheidung zwischen dem einzelnen Wissenschaftler und der Wissenschaft.

11 Vgl. zum folgenden: Hans Lenk, Zu einer praxisnahen Ethik der Verantwortung in den Wissenschaften, in: Hans Lenk (Hg.), Wissenschaft und Ethik, Stuttgart 1991, S. 54–75.

Ausgangspunkt der Überlegung hat eine Unterscheidung unterschiedlicher Typen, Ebenen und Interpretationsperspektiven zu sein. Lenk geht aus von der Analyse von Verantwortungskonflikten. Dazu unternimmt er verschiedene Differenzierungen:

(1) Zu unterscheiden ist nach interner und externer Verantwortung in der Wissenschaft.[12]
Intern geht es um ein Ethos der Wissenschaft, nach dem man z. B. keine Manipulation von Daten vornehmen darf, Fairneß und Ehrlichkeit wahren muß. Extern geht es um die Außenwirkung der Wissenschaft. Sie hat Verantwortung auch gegenüber der Öffentlichkeit, der Gesellschaft; dies betonte schon Georg Picht. Der Grund für diese externe Verantwortung ist die Verwissenschaftlichung der Lebenführung. Gesamtgesellschaftliche Auswirkungen der Wissenschaft sind zu bedenken, beispielsweise der Atomenergie, der Gentechnik. Intern bezieht sich Verantwortung auf die Rechenschaft vor der Zunft der Wissenschaftler; extern ist die Verantwortung Sache der allgemeinen Ethik. Beide Aspekte müssen freilich immer wieder aufeinander bezogen werden.

(2) Ein hippokratischer Eid für Wissenschaftler wird als Weise der Vermittlung zwischen interner und externer Verantwortung der Wissenschaft diskutiert.[13] Umstritten ist insbesondere die Zulässigkeit von Humanexperimenten. Ärztlicher Grundsatz ist das Prinzip ›nil nocere‹. Wie steht es außerdem um den »informed consent«, die Einwilligung des Patienten, *und* um die Zustimmung, die Akzeptanz der Gesellschaft?

(3) Verantwortungstypen bzw. -ebenen sind zu unterscheiden.
Dabei kann man folgende Typen oder Ebenen benennen[14]:
(a) Kausalhandlungsverantwortung: Sie umfaßt Tun und Unterlassen. Sicherheitsmaßnahmen, Verantwortungsbedingungen einerseits, Zuschreibbarkeit, Zuständigkeit für Handlungsvollzüge andererseits lassen sich hierunter subsumieren.
(b) Rollen- und Aufgabenverantwortlichkeit. Hier geht es um die jeweilige Berufsrolle. So haben ein Arzt, ein Physiker, ein Experte eine Berufs- und Zuständigkeitsaufgabe. Kompetenz nimmt in Verantwortung; Berufswissen verpflichtet.

12 Lenk, a.a.O., S. 56ff.
13 Lenk, a.a.O., S. 59–61.
14 Lenk, a.a.O., S. 62.

(c) Davon zu unterscheiden ist die universale, moralische Verantwortung, die jeden angeht. Der Bürger kann beispielsweise vor der Alternative stehen, entweder zu schweigen oder zu protestieren.
(d) Schließlich ist es üblich, das Einhalten von Regeln berufsständischer, rechtlicher Art als Maßstab zulässigen Verhaltens und Handelns heranzuziehen.

Man kann noch differenzierter nach Verantwortungstypen und Zuständigkeiten gliedern. Das Schema unterscheidet dann:
1. Kausalverantwortlichkeit (Wirkungsverantwortung für Handeln);
2. Tätigkeitsverantwortung (aktives Eingreifen);
3. Verschuldensverantwortung (Schuld, Schadensverantwortung);
4. Lob(ens) Verantwortung (Auszeichnen);
5. Vorsorge oder vorsorgliche Handlungsverantwortung (Prävention);
6. Betroffenheitsverantwortung (Emanuel Levinas beispielsweise betont das unmittelbare Betroffensein in der Begegnung);
7. Fürsorglichkeitsverantwortung, Sorgepflicht;
8. Rechtschaffenheits- und Tugendverantwortlichkeit (Einhaltung moralischer Integrität);
9. Haftung (rechtlich);
10. Metaverantwortung (religiös – »vor« Gott).

(4) Aus der Differenzierung nach Ebenen, Typen von Verantwortung ergeben sich Möglichkeiten von Verantwortungskonflikten (Gewissenskonflikte, Rollen-, Berufskonflikte). Die Beobachtung von Konfliktlagen führt zur Frage nach Prioritätsprinzipien, Vorzugsregeln, nach den Kriterien einer Abwägung von Gütern. Verantwortung wird damit nach Zuständigkeit, Haftung, Sachkunde, Fähigkeit wie nach der Rangordnung von zu schätzenden Gütern aufgegliedert.

(5) Das ungelöste Problem bei allen diesen Unterscheidungen von Typen und Ebenen von Verantwortung ist dabei die Verantwortung von bzw. für Institutionen und Korporationen. Damit sind wir bei der entscheidenden Frage: Gibt es überhaupt eine kollektive Verantwortung?[15] Das ist das Thema und das Problem einer Ethik institutionellen Handelns: Entscheidungen fallen nämlich oft in Gremien und Gruppen; es wird kollektiv entschieden nach Diskussionen durch Abstimmungen oder durch Vereinbarungen. Wer ist

15 Lenk, a.a.O., S. 66.

in solchen Fällen verantwortlich? Der einzelne entscheidet ja zumindest nicht allein. Können Kollektive aber überhaupt ethisch auf ihre Verantwortung angesprochen werden? H. Lenk bejaht diese Frage. Er hält eine Verantwortung für Korporationen durch die Mitverantwortung der Korporationsmitglieder für gegeben. Dies führt zur Aufgabe der sogenannten Berufsethik, einer »professional ethics«, von Berufscodizes und eines Standesethos.[16]

4. Die Begründunq der Ethik institutionellen Handelns

Die Notwendigkeit einer Ethik institutionellen Handelns wird neuerdings bewußt bedacht.[17] Sie ist mehr als eine individualethische Angelegenheit. Dabei ist freilich auch in dieser Hinsicht der Ausgangspunkt bei der Verantwortlichkeit des einzelnen zu nehmen.
Das ethische Subjekt ist zunächst das Gewissen des einzelnen. Denn es gibt keine subjektlose Ethik. Ethik ohne Subjekt wäre Ideologie. Das Gewissen des einzelnen ist der primäre und ursprüngliche Ort der ethischen Entscheidung. Aber entspricht diese tradierte moralische Sicht noch der sozialen Wirklichkeit? Man kann auch die Gegenthese aufstellen, »das eigentlich relevante ethische Subjekt sei ... die soziale Gruppe«[18].
Dieser Argumentationstypus hat freilich eine fatale Folge: Er führt zum Aufgehen des einzelnen im kollektiven Subjekt. Die Verlagerung auf die soziale Gruppe legitimiert einen Kollektivismus, sei es die Nation oder der Staat oder die Partei oder die Kirche – das katholische Beispiel ist die Berufung auf die Autorität des Lehramtes als eigentliches Verantwortungssubjekt.
Man kann damit vor der Alternative entweder Individualismus oder Kollektivismus stehen. Diese Alternative ist jedoch fragwürdig. Auch Kollektive bestehen nämlich aus Menschen. Es gibt ein gemeinsames Handeln von einer Mehrheit von Menschen. Gemeinsamkeit im Handeln entsteht durch Orientierung an einer gemeinsamen Sache, an einer Aufgabe, durch gemeinsame Arbeit; man verfolgt gemeinsame Ziele nach gemeinsamen Überzeugungen. So entsteht Gesinnungsgemeinschaft. Die Folge von gemeinschaftlichem Handeln ist ferner eine Aufgabenteilung. Gemeinsame Aufgaben werden kooperativ, also als Interaktion einzelner Subjekte gelöst: Gemeinsames Handeln ist somit mehr als ein Agglomerat

16 Lenk, a.a.O., S. 68.
17 Dietz Lange, Ethik in evangelischer Perspektive, Göttingen 1992, S. 350–362: Ethisches Subjekt und kollektives Handlungssubjekt.
18 D. Lange, a.a.O., S. 352.

der Einzelhandlungen von Individuen. Vielmehr erfolgt ein »Zusammenwirken«. Das Handeln des einzelnen bestimmt dabei zwar nicht das Kollektiv. Individuelles Verhalten kann aber gemeinsame Entscheidungen und Handlungsziele beeinflussen; Entscheidungen entstehen durch Partizipation und und mit Hilfe von Diskussionen. Daraus ergibt sich gerade nicht eine autoritäre Sicht des kollektiven Handelns, sondern der Gedanke einer partizipativen, demokratischen Mitbestimmung. Aus gemeinsamer Suche nach Wahrheit und aus der geteilten Erfüllung von Aufgaben entsteht indessen eine gemeinsame Verantwortung, eine »shared responsibility«. Dies hat zur Konsequenz die Erkenntnis von Mitverantwortung des Einzelnen für ein Kollektiv. Es bleibt bei der ethischen Orientierung am Subjekt. Aber der einzelne trägt Verantwortung zur ethischen Orientierung bei der Mitwirkung der Subjekte. Die Bildung eines gemeinsamen ethischen Subjekts geschieht durch die Entwicklung eines gemeinsamen Verantwortungsbewußtseins.
Zu solcher Bewußtseins- und Urteilsbildung können Gremien und Gruppen beitragen, wie Berufsorganisationen, Ethik-Kommissionen, Gesprächskreise, auch (Bürger-)Initiativen.
Bei der Entwicklung kollektiver Verantwortung ist sowohl eine Wissensvermittlung erforderlich – ohne Minimalwissen entsteht keine moralische Handlungkompetenz –, also Bildung, als auch die Sensibilität für moralisches Urteil. Ethisches Urteil umfaßt einerseits die Erkenntnis negativer Pflichten (beispielsweise: keine direkte Schädigung anderer) wie auch die Wahrnehmung strikt positiver Pflichten (beispielsweise die Grundsätze eines Berufsethos). Man kann in diesem Zusammenhang auf einen Grundsatz des klassischen Utilitarismus verweisen, der fordert, den gemeinsamen Nutzen zu mehren.

Freilich bleiben in diesem Zusammenhang offene Fragen:
(a) Bei Kant besteht eindeutig ein Vorrang der negativen Pflichten; das moralische Gebot besagt, man dürfe keinen Schaden anrichten: Es ergibt sich dann ein Vorrang des Unterlassens vor dem aktiven Handeln. Heute aber ist gerade eine vorausschauende Gestaltungsaufgabe unerläßlich und notwendig. Die heute Lebenden können nämlich auch durch Nicht-Handeln die Verantwortungsaufgabe für die Zukunft verfehlen (z.B. mangelnde Fürsorge für die Welternährung, für den Energievorrat und für die Klimabelastung).

(b) Damit verbindet sich eine Verantwortungsdiffusion. Wer ist überhaupt angesichts der Weltprobleme noch auf seine eigene Verantwortung angesprochen? Wer ist denn »schuld« am Ozonloch, am Klimawandel? Eine unendliche Verlängerung der Handlungsketten führt vielmehr zu unkontrollierten und unkontrollierbaren Folgen- und Nebenfolgenketten. Handlungsentscheidungen werden dadurch häufig unkontrollierbar. Man kann in diesem Fall entweder das abendländische Subjekt in der Postmoderne völlig verabschieden (so argumentiert der Soziologe Niklas Luhmann mit der Systemtheorie) oder sich auf moralische Appelle an den einzelnen zurückziehen (z.B. die Aufforderung an jeden einzelnen, den Müll sorgfältig vorzusortieren). Neuralgische Punkte sind jedoch im Blick auf die Folgenverantwortung die Rahmenbedingungen. Eine Staatsbürgerverantwortung, eine Klärung von Entscheidungen über gemeinsame Lebensgestaltung, kann nur durch Verständigung über geteilte Ziele und kollektive, öffentliche Güter, die zu schützen sind, angestrebt werden.

Angesichts der Schwierigkeiten wie der Notwendigkeit kollektiver Verantwortung und institutionellen Handelns gilt es, Bewußtseinsbildung und eine öffentliche Debatte anzustoßen, um gemeinsames Handeln in Gang zu setzen.

5. Überlegungen zum Dialog

Was bedeutet das für den Dialog zwischen Theologen und Naturwissenschaften? Nur mit Zögern versuche ich, Schlüsse und Folgerungen aus dem Gesagten abzuleiten. Dazu sind Voraussetzungen und Zusammenhänge einer Zuordnung von Verantwortung und praktischer Vernunft auch noch zu wenig geklärt und zu umstritten. Man könnte es also der künftigen Diskussion überlassen, was jeweils aus der Problembeschreibung gefolgert wird. Dennoch seien Überlegungen wenigstens angedeutet:

(1) Voraussetzung von Verantwortung ist einmal Aufklärung im Sinn von Bildung. Gerade Theologen und Kirchenleute sollten die Bildungsaufgabe erkennen und ernst nehmen. Die Vermittlung von Grundwissen ist unerläßlich. Dabei besteht eine Bringschuld der Wissenschaft, denn Grundlage aller Beurteilung ist zunächst Sachkunde.

(2) Sodann sind Probleme und ungelöste Fragen offenzulegen und nicht zu verheimlichen. Wissenschaft ist grundsätzlich kritisch, selbstkritisch, lernfähig, unabgeschlossen. Wissenschaft muß anders als manche politischen Verhaltensweisen und Entscheidungen, die scheinbar für alles eine Lösung haben oder finden, lernfähig beiben. Neben dem Gebot der Aufklärung, der Information tritt folglich das Gebot der kritischen Prüfung.

(3) Für die Urteilsfindung im Einzelfall sind Diskurse unverzichtbar, in denen über Ziele, Güter und Folgen – durchaus kontrovers – diskutiert wird. Ziel ist dabei Konsensfindung und Verständigung. Daraus folgt ein Modell von Ethik als Beratung. Ethik soll gerade nicht für die Legitimationsbeschaffung und Akzeptanzvermittlung instrumentalisiert werden. Sie soll vielmehr Reflexion, Kritik und Einsicht befördern.

(4) Was kann die Kirche dazu spezifisch beitragen?
Zu erinnern ist an die eingangs formulierte Feststellung, es bestehe heute vermutlich Einverständnis darin, daß alle in Verantwortung genommen sind, aber strittig sei, wie diese Inanspruchnahme jeweils praktiziert werden soll und wie Verantwortung sachgerecht wahrzunehmen sei. Hier wird manches nach wie vor kontrovers bleiben. Eine praktische Verständigung ist aber in vielen Fällen durchaus möglich. Sie ist dann das Ergebnis eines Diskursverfahrens. Zu solcher Verständigung muß man allerdings bereit sein. Die Geste der prophetischen Zeitansage und eine Fundamentalkritik an Technik und Wissenschaft, insbesondere an der Naturwissenschaft, sind zu wenig. Auch kann weder kirchliche Verkündigung noch theologische Dezision konkrete Entscheidungen präformieren und dekretieren. Es bleibt nichts anderes als die anstrengende und zeitraubende Übung des Gespräches, des Austausches von Informationen, Argumenten, Überzeugungen und Zielvorstellungen. Verkündigung, Predigt kann dabei einen Verantwortungswillen wecken und hervorrufen, aber in der Regel nicht einzelne Inhalte der Verantwortung vorschreiben und festlegen.
Christlicher Glaube macht Gewissen frei, er verschafft damit Handlungsgewißheit und versetzt damit in die Bereitschaft zur Übernahme von Verantwortung; er schreibt aber gerade keine Handlungen vor und stellt keine Handlungsnormen für jeden denkbaren Fall auf. Ein solches Verständnis von Verantwortung wäre gesetzlich. Das Einverständnis über Handlungsregeln herzustellen, ist vielmehr eine Aufgabe der Verständigung und der Überzeugungskraft praktischer Vernunft, der Konsensfindung und damit der Einübung gemeinsamer Verantwortung.
Adolf von Harnack stellt vor hundert Jahren bereits fest: »Je mehr unsere Einsicht in die Relativität der Dinge wächst, desto größer wird unsere Verantwortlichkeit.«[19]

19 Adolf von Harnack, Reden und Aufsätze, Band 2, Giessen 1904², S. 371.

Nachwort

»Europa braucht den Protestantismus, denn er hat sich wie kaum ein anderer Frömmigkeitsstil der Herausforderung der Aufklärung gestellt.«
Das sagte der verstorbene Präses Peter Beier nicht, um sich auf einer historischen Leistung auszuruhen, sondern empfand dem Philosophen Bollnow, daß der Menschen ein Wesen sei, das sich in Rückfällen nach vorn bewegt.
Einer dieser Rückfälle ist der weithin abgebrochene Dialog zwischen Theologen und Naturwissenschaftlern. Ihn versucht Peter Beier mit großem Engagement nicht nur durch seine Vorlesungen zur Technik-Philosophie zu beleben, sondern auch durch eine Gesprächsrunde von Theologen und Naturwissenschaftlern, die er stets zu ganztägigen Begegnungen in sein Haus einlud, um beiden Seiten Gelegenheit zu geben, sich wieder auf Hörweite zu nähern.
Oft geschah es, daß er die Debatte unterbrach und mit Beispielen andeutete, daß er unter seinem Präsesamt auch litt – vor allem dann, wenn Christen die geöffnete Tür aus dem Gefängnis milieugebundener Meinungen abwiesen und Glaube und Aufklärung doch wieder einmal unversöhnt blieben.
Peter Beier beeindruckte durch seinen ungewöhnlich wachen und lebhaften Geist. Er plante weitere Gespräche: Über das Weltbild der modernen Astrophysik, die von einer vermutlich unendlichen Materiewüste ausgeht, in der, so würde die moderne Fassung der biblischen Botschaft lauten, der Schöpfer sich in ein Staubkorn verliebte. Auch das Menschenbild der Neurophysiologie provozierte sein theologisches Nachdenken, denn ist Geist und Ichbewußtsein des Menschen zunächst und vor allem als elektro-chemischer Prozeß zu verstehen?
Bei diesen Fragen mußte es bleiben, denn sein plötzlicher Tod verwehrte ihm den so sehr gewünschten Dialog darüber. Doch der von ihm geschaffene Gesprächskreis fühlt sich seinem Impuls verpflichtet und arbeitet an diesen Fragen weiter.

Ihm werden die ungewöhnlich dichten und intensiven Dialoge im Hause Beier noch lange in guter Erinnerung bleiben, die Atmosphäre hat die Dialoggruppe in eine Dialogfamilie umgewandelt – ein Prozeß, zu dem nicht zuletzt auch die Gastfreundschaft von Frau Beier erheblich beigetragen hat.

Klaus Lefringhausen